AUTODESK® FUSION 360™
Sculpt Advanced

Giichi Endo

【本書のダウンロードデータと書籍情報について】
本書に付属のダウンロードデータは、ボーンデジタルのウェブサイト(下記URL)の本書の書籍ページ、または書籍サポートページからダウンロードいただけます。

http://www.borndigital.co.jp/book/

また本書のウェブページでは、発売日以降に判明した誤植(正誤)情報やその他の更新情報を掲載しています。本書に関するお問い合わせの際は、一度当ページをご確認ください。

【ダウンロードデータの解凍方法】
ダウンロードデータはパスワード付きのzip圧縮ファイルとなっています。以下の解凍用パスワードを使用し、対応したツール(解凍ソフト)で展開してください。

解凍用パスワード：f89vt36u

なお、ダウンロードコンテンツの追加やその他更新情報等も本書の書籍ページにてご案内しますので、定期的に書籍ページをご確認いただくことをお勧めします。

【ダウンロードデータについて】
ダウンロードデータは各Chapterごとにフォルダ分けされており、それぞれのフォルダにはそのChapterに関連するデータが含まれています。使い方等につきましては、ダウンロードデータ内のReadmeファイルをご確認ください。

■ ダウンロードデータご使用上の注意
本書に付属のデータはすべて、データファイル制作者が著作権を有します。当データは本書の演習目的以外の用途で使用することはできません。著作権者の了解無しに、有償無償に関わらず、原則として各データを第三者に配布することもできません。また、当データを使用することによって生じた偶発的または間接的な損害について、出版社ならびにデータファイル制作者は、いかなる責任も負うものではありません。

■ 著作権に関するご注意
本書は著作権上の保護を受けています。論評目的の抜粋や引用を除いて、著作権者および出版社の承諾なしに複写することはできません。本書やその一部の複写作成は個人使用目的以外のいかなる理由であれ、著作権法違反になります。

■ 責任と保証の制限
本書の著者、編集者および出版社は、本書を作成するにあたり最大限の努力をしました。但し、本書の内容に関して明示、非明示に関わらず、いかなる保証も致しません。本書の内容、それによって得られた成果の利用に関して、または、その結果として生じた偶発的、間接的損傷に関して一切の責任を負いません。

■ 商標
本書に記載されている製品名、会社名は、それぞれ各社の商標または登録商標です。本書では、商標を所有する会社や組織の一覧を明示すること、または商標名を記載するたびに商標記号を挿入することは行っていません。本書は、商標名を編集上の目的だけで使用しています。商標所有者の利益は厳守されており、商標の権利を侵害する意図は全くありません。

はじめに

FABulous Life…自分で欲しいものは自分でデザインしたという欲求は多くの人が持っていると思います。
私もその一人です。お酒を飲むグラスから、音楽を楽しむスピーカー、チョイ乗り用のEVバイク。それからアウトドアを楽しむ四角いデカイ車に基地のようなガレージハウスと夢は広がるばかりです。
本書では、そんな妄想の世界をデザインしていき、イメージを具現化するプロセスを詳細に解説していきます。
デザインしたものは3DプリントやNC切削で再現できます。家のような大きいものはさすがに自分では作れません。しかし3Dデータでスケールモデルをプリントしたり、レンダリングで好みのインテリアにしてレンダリングすれば自分のイメージを具現化できます。実際に家を建てることになれば建築家や施工会社に具体的な意思表示ができます。
これらのアウトプットがコミュニケーションツールになりマネージメントできるようになるんです。
自分でデザイン制作したグラスで酒を飲み音楽を楽しむなんて豊かな生活ではないでしょうか。

FAB × Fabulous life…ファブで素敵な生活を！
FABulous Life が本書のコンセプトです。

近年、FABスペースや3Dプリントサービスなどデジタルファブリケーション環境が整い始めています。そのようなサービスを利用することで気軽にモノまで作れる時代になりました。しかし3Dデータがないと何も始まりません。
これまでの3Dのデザインソフトウェアは高価で趣味の範囲で手が届くものではありませんでした。そこに登場したのがオートデスク株式会社が開発・販売するFusion 360です。3D/CAD/CAM/CAEを統合するクラウドベースの商品開発プラットフォームです。学生 / 趣味目的であれば無償で通年利用が可能な、ユーザーにはありがたいソフトウェアです。私も最もよく使うソフトウェアの1つです。世界的にもユーザーが激増していてコミュニティーも各リージョンで活発な活動をしています。

本書はFusion 360のスカルプトというワークスペースにフォーカスしたチュートリアル本になります。
スカルプトは粘土のように感覚的にモデリングするツールになります。感覚的なモデリングを書面で解説するのは難しいのですが、各ステップを丁寧に解説しています。デザイナーの視点で考えながら形を作り上げていく手法は独自のノウハウがたくさん詰まっています。お楽しみください！
本書が皆様のものづくりのお役に立てると幸いです。

Be FABulous Life！

2017年8月　猿渡　義市

Contents

Chapter 01 Introduction 001

01-01 Fusion 360とは？ 002
Fusion 360の機能 003
アイディエーション 003
コミュニティフォーラム 005
歴史 006
特徴 006

01-02 Tスプラインとは？ 006
オペレーション 007
NURBS変換 008
Tスプラインとサーフェスの違い 008
Tスプラインの場合 008

01-03 本書の使い方 009
コマンドショートカット 010
オペレーション画面：各部名称 012

01-04 ビデオ演習：ユーザーインターフェースと基本操作 ... 014
01-05 ビデオ演習：コーヒーカップ 014
01-06 ビデオ演習：アームチェア 015
01-07 ビデオ演習：テーブル 016

Chapter 02 Whisky Glass 017

02-00 制作ポイント 018
デザインコンセプト 018
モデリングのポイント 018
レンダリングのポイント 018

02-01 グラスの外側を作成 019
02-02 ディテールの調整(底上げ面、フィレット調整) 024
02-03 全体のボリュームで仕上げる 029

Contents

02-04 氷とウィスキーの作成 037
02-05 レンダリング 044

Chapter 03 Chocolate 049

03-00 制作ポイント 050
    デザインコンセプト 050
    モデリングのポイント 050
    レンダリングのポイント 050
03-01 チョコレートの外側を作成 051
03-02 ロゴの彫り込み 057
03-04 レンダリング 061

Chapter 04 Chocolate Glass 067

04-00 制作ポイント 068
    デザインコンセプト 068
    モデリングのポイント 068
    レンダリングのポイント 068
04-01 器の部位の作成 069
04-02 脚部の作成 074
04-03 NURBS変換からフィレット作成 081
04-04 レンダリングでバリエーション作成 082

Chapter 05 iPhone Speaker 087

05-00 制作ポイント 088
    デザインコンセプト 088
    モデリングのポイント 088
    レンダリングのポイント 088
05-01 ダウンロードしたiPhoneのセットアップ 089

05-02 スピーカーの制作 092
05-03 iPhoneの差し込みを作成 098
05-04 テンションの均一化 105
05-05 角Rの調整 107
05-06 ディテールを作り込む 113
05-07 ボディに穴を作成 120
05-08 フィレット、C面の作成 126
05-09 レンダリング 132

Chapter 06 EV Unicycle - Dragonfly 139

06-00 制作ポイント 140
 デザインコンセプト 140
 モデリングのポイント 140
 レンダリングのポイント 140
06-01 テンプレートのセットアップ 141
06-02 ホイールの基本ボリュームの作成 144
06-03 スポークのディテールの作成 150
06-04 インホイールモーターとホイールのクリアランス作成 154
06-05 タイヤの作成 160
06-06 モーターユニットのボリューム作成 168
06-07 モーターユニットのディテール作成 174
06-08 冷却フィンの作成 181
06-09 固定ナットの作成 190
06-10 オブジェクトの統合 200
06-11 文字の彫り込み 207
06-12 フレーム作成 214
06-13 フレームの結合 219
06-14 フレームのディテール作成 229
06-15 サブフレームの作成 234

Contents

06-16 シートブラケットの作成 240

06-17 ブラケットの軽量化 248

06-18 サブフレーム・取り付け面加工 252

06-19 ステップの作成 256

06-20 フェンダーの作成 263

06-21 ハンドルの作成 268

06-22 グリップのディテール作成 274

06-23 スイッチの作成 278

06-24 タンクストーレッジのボリューム 1 285

06-25 タンクストレージのディテール 2 291
   サイドビュー 300

06-26 4面図でエッジ構成を確認 300
   フロントビュー 301
   トップビュー 301
   リアビュー 302
   Rの調整 302
   ハイライトのチェック 303
   サイドビュー 304

06-27 エアーアウトレット 304

06-28 シート・基本骨格の1 309

06-29 シート・基本骨格 2 316

06-30 シート・基本骨格 3 325

06-31 シート・クッション 331

06-32 メーターユニット 333

06-33 ヘッドランプアウター 340

06-34 ヘッドランプインナー 345

06-35 キセノンランプ 347

06-36 タンク取り付けブラケット 357

06-37 エアーレスタイヤ 360

Contents

06-38 レンダリング　マテリアルの詳細設定 369

Chapter 07 Gallary 375

Whisky & Chocolate. 376
EV Unicycle - Dragonfly Design Story 378
EV Unicycle - Color Variation 379
Car modeling workflow 380
Speedform 382
The design I want !........................... 384

Index 385
奥付 392

Chapter 01
Introduction

01-01 Fusion 360とは？

オートデスクが開発・販売を行うFusion 360の特徴を見てみましょう。

- 特徴1 世界初のクラウド技術を活用した高機能3D CADソフトウェア
- 特徴2 オールインワン（3Dモデリング・ビジュアライゼーション・CAM・SIM・PLM）プラットフォーム
- 特徴3 ハイブリッドモデリング（ポリゴン・ソリッド・サーフェース）
- 特徴4 2週間ごとにアップデート・大型アップデートは2～3ヶ月に1度
- 特徴5 Mac&Windowsに対応
- 特徴6 非営利・趣味用途であれば無料で使いつづけることができる（2017年7月現在）
- 特徴7 ユーザーの要望でアップデート内容を決定される（Idea Station）
- 特徴8 日本語でのサポートが充実している

これまでの3D CADソフトは数十万～数百万円という高価なものでした。しかしFusion 360は低価格（非営利・趣味用途であれば無料）でなんでもでき、一般のホビーストからプロフェッショナルまで幅広く対応し、世界中でスタートアップやイノベーションをサポートしています。教育機関もFusion 360を取り入れるところが増えています。今後の発展にも注目が集まり将来性のあるソフトウェアです。

Fusion 360の公式ページ（https://www.autodesk.co.jp/products/fusion-360/）

Fusion 360の機能

■ アイディエーション
デザインを決めるためには思考錯誤しながら見極めていきますが、Fusion 360でのモデリングはTスプライン・ソリッド・サーフェース・メッシュと複数のモードをシームレスに行き来することができます。用途に合ったツールを選択できクイックにアイディア展開が可能です。3Dプリント出力でフィジカルに形状確認をすれば課題も明確に理解できます。クイックに課題を改善しながらリピートプロトタイピングしていきます。そのプロセスの中でアイディアを昇華できるのです。

■ 設計・シュミレーション
設計に必要な機能も揃っています。パーツを組み合わせるアセンブリやモーションスタディでどのように可動するかアニメーションができます。アニメーションを付けたままクラウドレンダリングもできますのでプレゼンテーションに有効なマテリアル制作も可能です。また解析シュミレーションもできるので強度設計もタイムレスに行えます。

■ 部品コンポーネントの挿入
設計に必要なナットやモーターや電気部品などの様々な部品のデータがサポートされており取り込むことができます。

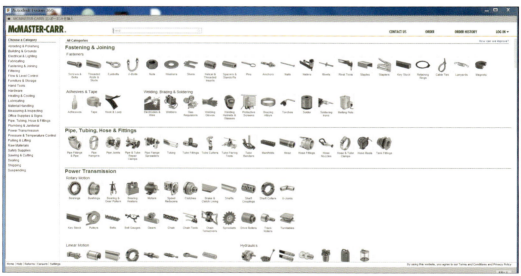

Fusion 360にサポートされている部品データ

■ コラボレーション

チームやクライアントでデータ共有やライブミーティングができます。相手がソフトをインストールしていない場合でもブラウザでデータを共有できインタラクティブにミーティングができるので私も業務でよく使います。コミュニケーションまでフォローされているありがたいツールです。

■ ファブリケーション

3Dデータが完成後、3Dプリント出力やNC切削用のカッターパスを作成したり、意匠登録用に図面化に至るまでアイディエーションからファブリケーションまでワンパイプで開発ができる優れたアプリケーションです。

■ ギャラリー

自分の作品をギャラリーにアップすることができます。画像は筆者のページになりますが本書で解説する作品もアップしています。ギャラリーを通じてコメントをもらったり、直接コミュニケーションし情報交換などもできます。世界のユーザーや各国のFusion 360コミュニティとのつながりができるので、是非、ご自分の作品を世界に向けて発信することをお勧めします。

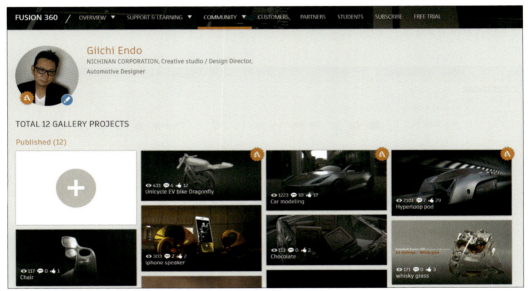

ギャラリーページ

■ コミュニティフォーラム

コミュニティフォーラムに質問を投稿すればユーザーやオートデスクの方からの回答がもらえます。インターナショナルフォーラムでは多くの国々の言語でサポートされています。

投稿者	件名	いいね	新規	返答（返信）	最新の投稿
3n-eQxt Enthusiast	ブラウザの使用方法	2	12	11	05-30-2017 08:22 PM 投稿者 3n-eQxt
earth_flyer Observer	四面体を作る	7	45	44	06-02-2017 11:00 PM 投稿者 earth_flyer
tanikawa_ki... Enthusiast	3dmファイルの編集について	3	8	7	06-06-2017 10:00 PM 投稿者 tanikawa_kiyoki
eq Explorer	コイルの変形	8	14	13	06-10-2017 09:19 AM 投稿者 eq
AKATSUKI-DD Participant	パッチ→厚みで作ったボディが結合（ブーリアン演算）できません。	11	10	9	05-25-2017 01:39 AM 投稿者 AKATSUKI-DD
3n-eQxt Enthusiast	図形の移動	4	4	3	05-24-2017 03:46 PM 投稿者 TerukiObara
tomo1230 Advisor	２種類あるFusion 360 のMac版を切り替えて使えていますが何か問題はありますでしょうか？	1	4	3	05-24-2017 01:58 PM 投稿者 masa.minohara
Ri-TA Participant	A360でファイルが削除出来ません。	0	8	7	06-01-2017 11:06 AM 投稿者 Ri-TA
3n-eQxt Enthusiast	スカルプト　エッジを使って面張	4	11	10	05-26-2017 10:04 AM 投稿者 adachitech7

Fusion 360のコミュニティフォーラム

01-02 Tスプラインとは？

多機能なFusion 360ですが日本でも操作ガイド書籍が数冊発売されています。今後も次々に発売される予定です。
しかしスカルプトに関しての情報はまだ充実してるとはいえません。meetupイベントなどでの調査結果からもスカルプト経験率の低さがうかがえます。情報の少なさも1つの原因だと思います。そこで本書ではスカルプトにフォーカスしたワークフローを解説していきます。スカルプトモードのモデリングではTスプラインという技術が使われています。まずはTスプラインについて紹介します。

歴史

2004年にT-Splines株式会社（アメリカはユタ州）が設立されRhinoceros（ライノセラス）のプラグインとして発売されました。その後2011年にAutodesk社に買収されて現在は、Fusion 360 / Alias Speedform / MAYAプラグインなどで活用されています。
Tスプラインは、NURBSとサブディビジョンのよいところをハイブリットしたツールで、これまでのポリゴンモデリングをスピードアップさせた技術です。これによって格段にポリゴンが扱いやすくなりました。
筆者はAlias SpeedformというTスプラインをベースにしたカーデザインに特化したプログラムの開発にパイロットユーザーとして参加し、Tスプラインでのコンセプトモデリングのメソッドを開発しました。

特徴

下図の左は通常のポリゴンモデルで、右がTスプラインで作られたものです。ポリゴンでの角アールのコントロールはエッジを挿入してテンションを調整して大きさを決めます。Tスプラインが開発されるまでは部分的に調整したくてもエッジを途中で止めることができず、完全に通さなければいけませんでした。図の左のようにエッジを通してしまうと変えたくない前端のアールも変わってしまうため、調整に2〜3手間かけなくてはなりません。一方、右側のTスプラインのモデリングでは部分的にエッジを挿入するだけで完了です。

Tスプラインとポリゴンの違い

また、ワンクリックでTスプラインからNURBSに変換できます（NURBSからTスプラインへの変換も可能です）。さらに、ワンクリックでSTLファイルにエクスポートすることもできます。

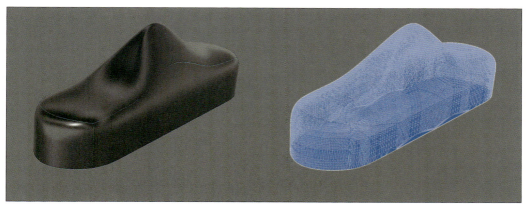

TスプラインからNURBSに変換

オペレーション

粘土をこねるように直感的なオペレーションが可能です。使用するコマンドも少なく、たくさんのメニューを覚える必要はありません。

ただし概念が理解できないとクセのある動きに始めは戸惑うこともあります。サーフェスと違ってトリムができませんのでモデリングのワークフローはサーフェス・ソリッドとは大きく異なります。

下図はFusion 360の標準的なオペレーション画面です。モデルはスカルプトモードでTスプラインのスムース表示状態のものです。スカルプトモードではこのような流線型の自然な曲面も、粘土をこねるように直感的に手早く作成することができます。

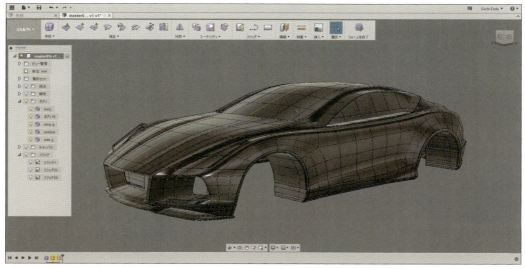

Fusion 360の標準的なオペレーション画面

NURBS変換

ワンクリックでワークスペースをモデルモードに切り替えることができます。この時点でオブジェクトにNURBS変換されます。

下図のパッチの構成を比較してみてください。このように実に綺麗に変換してくれています。変換後にプロジェクトやトリムの作業を行います。

NURBS変換

Tスプラインとサーフェースの違い

■ Tスプラインの場合

下図の左がボックス表示です。右がスムース表示です。alt＋1と3で切り替えができます。スムース表示では凸凹のフィレットが自動的に生成されます。アールのつながりも自然で綺麗です。手早く全体像が見えるのでトライ＆エラーを何度もでき新しい気づきに出会えるチャンスが増大します。しかしクラスAなどの精度の高いデータは作れません。

Tスプライン

■ サーフェースの場合

カーブを作成して一枚ずつ面を張っていきます。図の左は全体を包んだ状態です。フィレットを検証する場合は図の右のように白線の部位すべてにフィレットを1個ずつかける必要があります。大変な作業量です。一度すべてのフィレットを作成した後にボディのデザインが変更になった場合はすべてやり直しになります。時間がない場合は妥協を余儀なくされたり、モチベーションの低下が質の低下に繋がったりします。ある程度デザインが固まった段階から精度の高いクラスAデータを作成します。

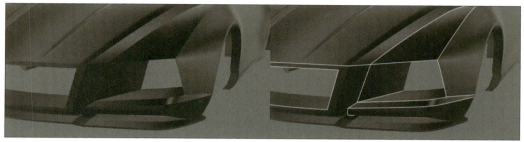

サーフェース

■ 適材適所

トライ＆エラーを繰り返してたくさんアイディアを検証したい場合は、**Tスプライン**。
設計条件のフォローやクラスAのような精度の高いデータ作成したい場合は、**サーフェース**。
というように覚えておきましょう。

01-03 本書の使い方

本書はFusion 360の**スカルプト機能**にフォーカスしたチュートリアル本です。
基本的にはソフトウェア経験者（Fusion 360の基本操作を熟知している方）を対象としていますが、Fusion 360をはじめて触るという方に向けて、インターフェースや基本操作、スカルプトの概念を簡単に解説したビデオ演習（ダウンロードデータ）をご用意しています（この後のSTEP01-04 〜 07参照）。
スカルプトは感覚的なモデリングになるため、書面での解説では難しい部分もあります。基本操作をしっかりとビデオで学習し、スムーズにモデリングできるようになってからChapter2へ進むことをお勧めします。

コマンドショートカット

ここでは、Fusion 360でよく使用されるコマンドショートカットを紹介します。
本書ではショートカットを多用しますので、自信のない方は目を通しておきましょう。

コマンド	キーの組み合わせ
押し出し	E
穴	H
押す/引く	Q
モデルのフィレット	F
移動	M
表示と非表示の切り替え(V)	V
コンポーネントのカラー サイクルの切り替え	Shift+N
モデル ツールボックス	S
外観	A
すべて計算	Ctrl+B(Windows)またはCommand+B(Mac)
ジョイント	J
現況ジョイント	Shift+J
線分	L
2点指定の長方形	R
中心と直径で指定した円	C
トリム	T
オフセット	O
計測	I
プロジェクト	P
標準/コンストラクション	X
スケッチ寸法	D
スクリプトとアドイン	Shift+S
ウィンドウ選択	1
フリーフォーム選択	2
ペイント選択	3
削除	Del

システムのキーボード ショートカット	Windows キーの組み合わせ	Mac キーの組み合わせ
バージョンの作成	Ctrl+S	Command+S
修復の保存	Ctrl+Shift+S	Command+Shift+S

キャンバスの選択	Windows キーの組み合わせ	Mac キーの組み合わせ
画面移動	中央マウス ボタンを押す	中央マウス ボタンを押す
ズーム	中央マウス ボタンを回転する	中央マウス ボタンを回転する
オービット	Shiftを押しながら中央マウスボタンを押す	Shiftを押しながら中央マウスボタンを押す
点を中心としたオービット	Shiftを押しながらクリックしてから中央マウス ボタンを押す	Shiftを押しながらクリックしてから中央マウス ボタンを押す
元に戻す	Ctrl+Z	Command+Z
再実行	Ctrl+Y	Command + Y
コピー	Ctrl+C	Command+C
貼り付け	Ctrl+V	Command+V
切り取り	Ctrl+X	Command+X

スカルプト作業スペースの選択	Windows キーの組み合わせ	Mac キーの組み合わせ
選択範囲を拡大	Shift+上矢印	Shift+上矢印
選択範囲を収縮	Shift+下矢印	Shift+下矢印
ループ選択	Alt+P	Ctrl+P
ループ選択範囲を拡大	Alt+O	Control+O
リング選択	Alt+L	Control+L
リング選択範囲を拡大	Alt+K	Control+K
リング選択範囲を収縮	Alt+J	Control+J
前のU	Alt+左矢印	Control+Command+左矢印
次のU	Alt+右矢印	Control+Command+右矢印
前のV	Alt+下矢印	Control+Command+下矢印
次のV	Alt+上矢印	Control+Command+上矢印
範囲選択	Alt+M	Command+M
選択内容を反転	Alt+N	Command+N
直方体モードを切り替え	Alt+1	Control+1
コントロールフレームモードを切り替え	Alt+2	Control+2
スムース モードを切り替え	Alt+3	Control+3
エッジリングを選択	エッジをダブルクリック	エッジをダブルクリック
面リングを選択	2つの面を選択した後、3番目の面をダブルクリック	2つの面を選択した後、3番目の面をダブルクリック

フォームを編集コマンド	Windows キーの組み合わせ	Mac キーの組み合わせ
ジオメトリを追加	Alt+ドラッグ	Alt+ドラッグ
ジオメトリを追加して折り目を保持	Alt+Ctrl+ドラッグ	Alt + Command + ドラッグ

図面の作業スペース コマンド	Windows キーの組み合わせ	Mac キーの組み合わせ
投影ビュー	P	P
移動	M	M
Delete	Delete	Delete
中心マーク	C	C
寸法記入	D	D
文字	T	T
バルーン	B	B

今回は、作業関係のショートカットを紹介していますが、これ以外にもレンダリング、アニメーション、シミュレーション、CAMなどのショートカットがあります。
詳しくは、Fusion 360のヘルプページを参照して下さい。

オペレーション画面：各部名称

ここでは、Fusion 360のオペレーション画面の各部名称を紹介します。
本書でも何度も名称が出てくるので、覚えておきましょう。

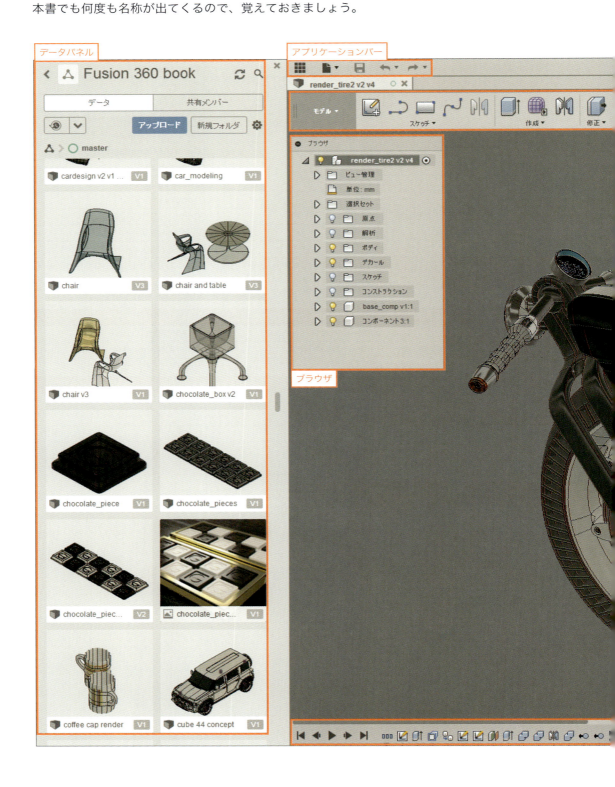

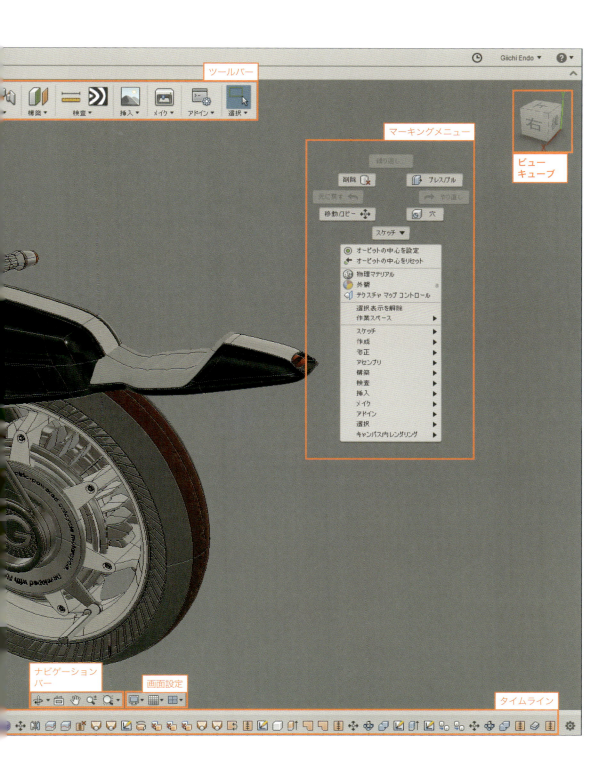

01-04 ビデオ演習：ユーザーインターフェースと基本操作

ここではまず、ユーザーインターフェースと基本操作を解説します。
一般的な解説ですので、操作自体が分かっている方は飛ばしてもいいでしょう。

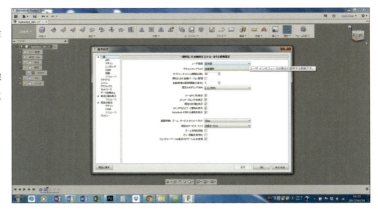

01-05 ビデオ演習：コーヒーカップ

ここではオブジェクトの設定方法・押し出し操作・ブリッジ機能などのよく使う機能を使ってモデリングを行います。レンダリング設定では、マテリアルの割り当て・環境のセットアップ・グラフィックのマッピングなどを解説します。

01-06 ビデオ演習：アームチェア

Fusion 360におけるスカルプトモデリングがどんなものかを実感していただくための課題です。サーフェスモデリングとの違いを理解すると共にTスプラインの可能性、利便性を感じていただけるはずです。

01-07 ビデオ演習:テーブル

押し出しとスケールの連続操作の演習を行います。

Chapter 02
Whisky Glass

02-00 制作ポイント

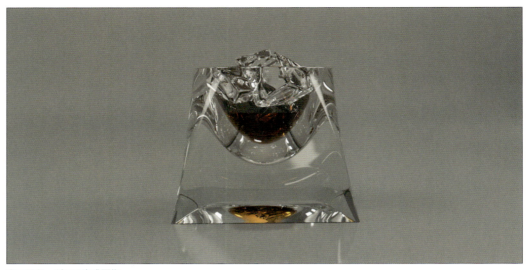

ウィスキーグラス完成画像

デザインコンセプト

私はお酒は強くはありませんが飲むのは好きです。少しの量でいい気分になれるので食後にゆっくりとウィスキーのロックを楽しめるグラスが欲しいです。クリスタルガラスとロックアイスがあたる時の金属的で透明感のある音も楽しみたいです。そんな欲求を満たしてくれるウィスキーグラスをデザインしてみました。

モデリングのポイント

この章では、Tスプラインの特徴のひとつである自然な変化が容易にできることを体験することができます。
サーフェースやソリッドモデリングの場合は基本形状を作った後にフィレット（角R）を作成していきますが、スカルプモデリングではその必要はありません。スムースシェーディングで自動で凸凹のRが生成されます。ここでは四角から丸に自然に変化するかたちをモデリングしてみましょう。またグラスの中に氷とウィスキーを入れてレンダリング用の準備もしておきましょう。

レンダリングのポイント

モデリングだけでは最終イメージを描けません。3Dの良さはデータがあればビジュアライズができることです。Fusion 360はレンダリング機能も優れていますので、よりリアルな完成イメージのレンダリングを作成してみましょう。

02-01 グラスの外側を作成

四角い底面と円柱を別々に作成して、その間をブリッジでつないで1つのオブジェクトにします。それぞれのエッジの数を同じにしておくことがポイントです。エッジの数が異なると綺麗にブリッジができません。

01 新規デザインを開いたらスカルプトのワークスペースに移ります。
ツールバーの**フォームを作成**をクリックするとワークスペースが**モデル**から**スカルプト**に変わります。

02 **ツールバー＞作成＞円柱**を選択します。

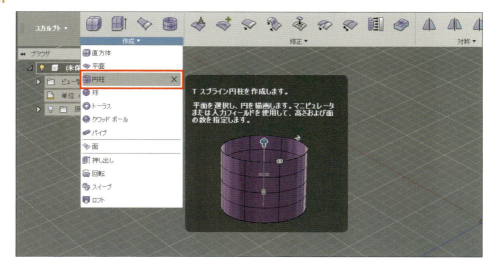

03 円柱を配置する場所を決めます。
今回は底面を選択します。

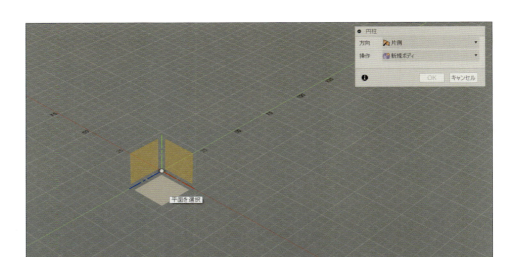

04 カーソルを中心に持っていくと0原点にスナップします。
スナップしたらクリックしてドラッグし、任意の位置でまたクリックします。
次に円柱の**オプションウィンドウ**でサイズの詳細設定を行います。
設定値は**直径**：90mm、**直径の面**：8mm、**高さ**：5、**高さの面**：1とします。

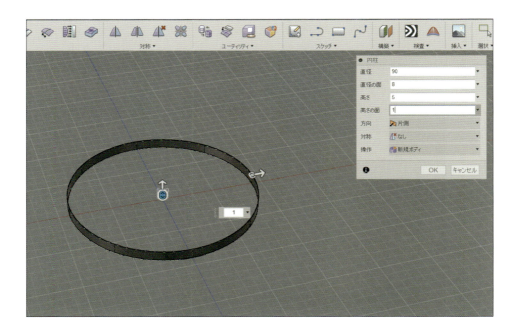

05 ツールバー＞**作成**＞**平面**を選択します。
配置は底面を選択します。

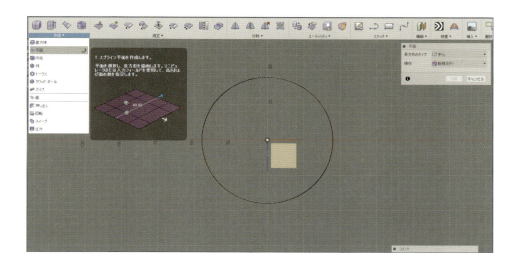

06 **オプションウィンドウ**でサイズの詳細設定を行います。
長さ：110mm、**長さの面**：2、**幅**：110mm、**幅の面**：2として**OK**ボタンを押します。

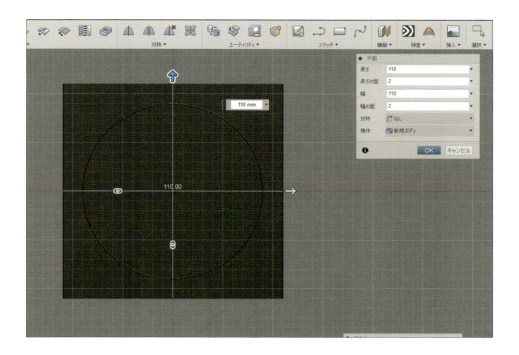

07 円柱の1つの面をダブルクリックするとオブジェクト全体が選択されます。
次に右クリックしてメニューから**移動**を選択し、**Y距離**：90mmと入力してください
（**オプションウィンドウ**のY距離でもよいです）。

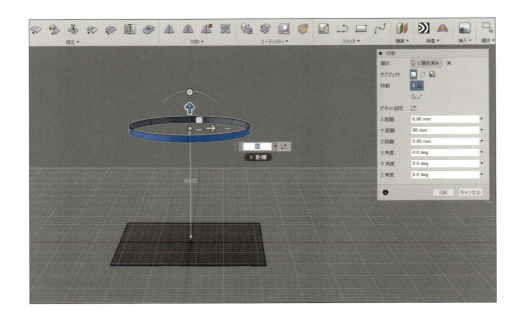

08 **ツールバー＞修正＞ブリッジ**を選択します。
円柱の下側のエッジをダブルクリックして全周（ループ）を選択します。
次に、**オプションウィンドウ**の**側面 2**を選択し平面のエッジを全周選択します。
オプションウィンドウの**面**を3から2に変更して**OK**すると円柱と平面がブリッジされます。

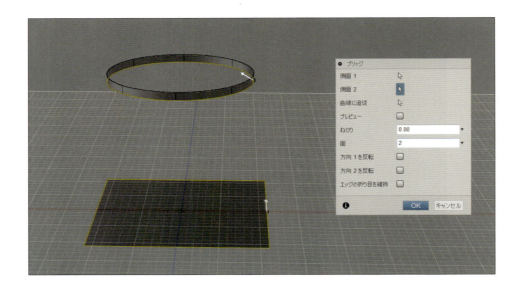

ヒント **オプションウィンドウの面の数値**
■ **オプションウィンドウ**の面の数値はブリッジした面の分割数を意味しています。

四角平面と円柱がブリッジされひとつのオブジェクトになります。

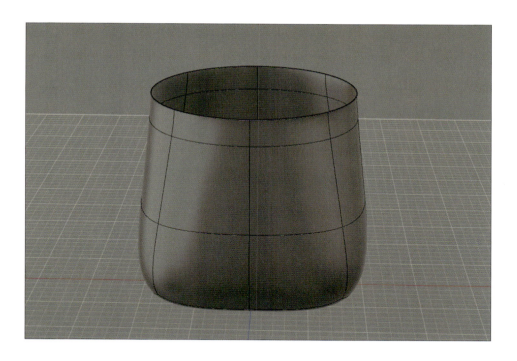

09 Alt＋1でボックスシェーディング状態を確認します。

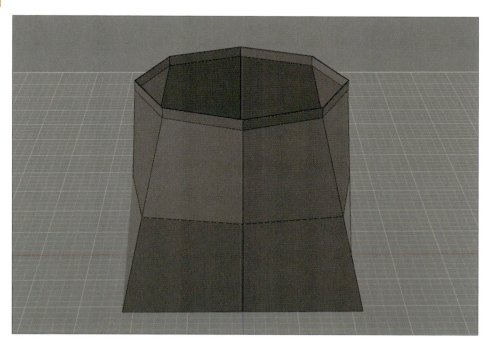

02-02 ディテールの調整(底上げ面、フィレット調整)

四角い底面と円柱を別々に作成して、その間をブリッジでつないで1つのオブジェクトにします。それぞれのエッジの数を同じにしておくことがポイントです。エッジの数が異なると綺麗にブリッジができません。

01 alt+1でボックス表示にします。
フロントビューでカーソルをA点からB点へ左方向に移動すると黄色いエリアで選択されます。この場合はエリアに接しているオブジェクト(ビュー上で見えている部分)のみが選択されます。

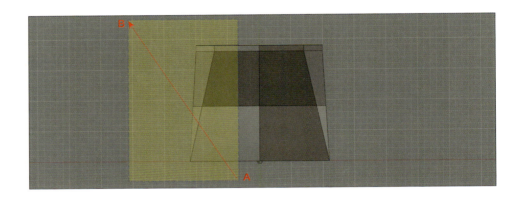

ヒント 2種類の選択方法
- 左側から右に向かって選択すると、オレンジのエリアで表示されます。この場合エリアに完全に含まれるオブジェクトが選択されます。
- 右側から左に向かって選択すると、黄色いエリアで表示されます。この場合エリアに触れているオブジェクトのみが選択されます。

02 左半分を選択したら右クリックで削除を選択します。

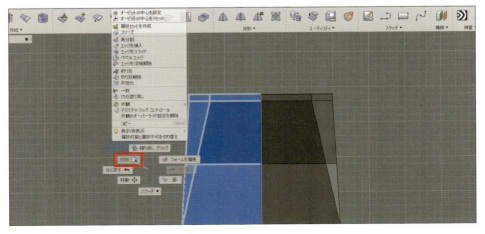

03 同じように面の削除を行い、最終的に1/4ピースだけ残します(STEP 04の図参照)。1/4ピースだけ残す理由は、この状態で作り込みを行っていき、後でコピーして最終形状を完成させるためです。

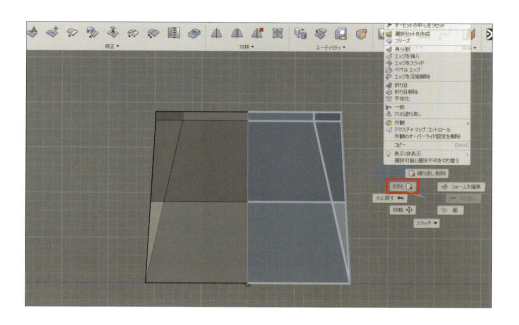

04 底面を選択して右クリックし、**マーキングメニュー**から**再分割**を選択します。

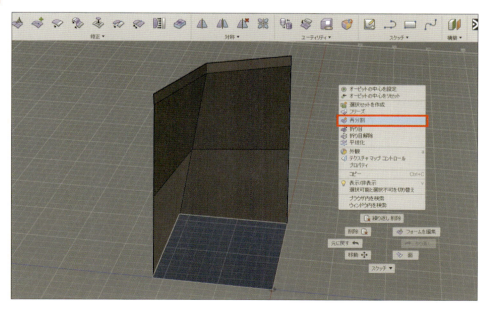

05 オプションウィンドウの**長さの面**、**幅の面**共に3に変更します。

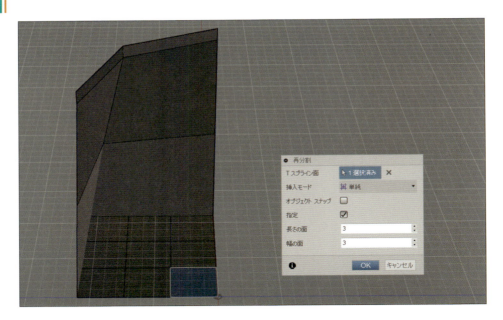

06 **ツールバー＞修正＞挿入点**を選択し、図の位置にエッジを作成します。

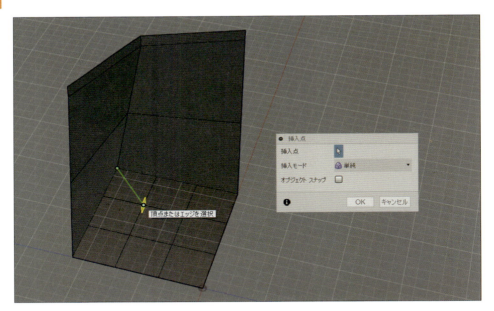

07 図の赤色エッジだけ残して、青色のエッジは選択して削除します。削除方法は**Backspace**または**Delete**キー、もしくは右クックで削除になります。
オブジェクトを連続して選択する場合は**Shift**キーを押しながら選択します。

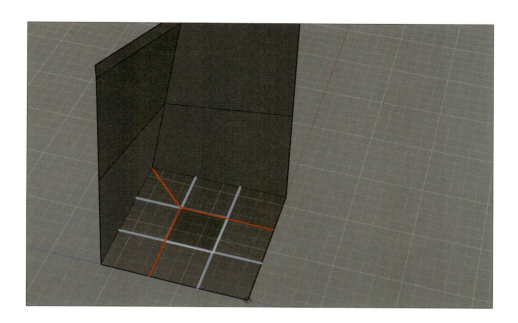

08 エッジを選択して右クリックし、**エッジを挿入**を選択します。
面を選択している状態で右クックすると、**マーキングメニュー**で**面**に関係するメニューが表示されます。

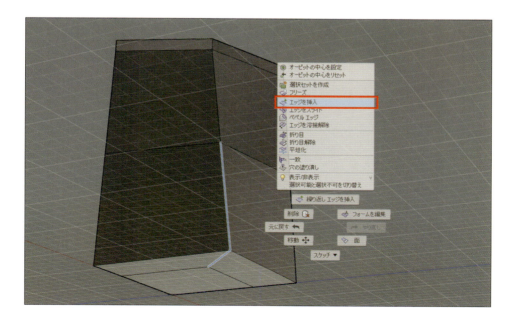

09 オプションウィンドウの挿入側を両方に設定します。挿入位置に0.05と入力してOKボタンを押します。

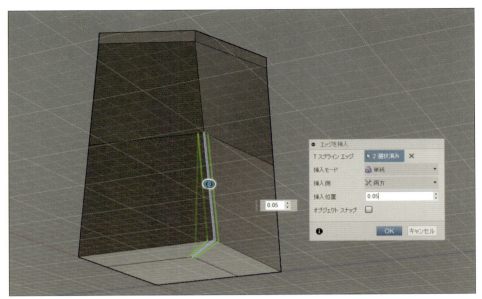

> **ヒント** 角Rの大きさ調整
> 角Rの大きさ調整は挿入の位置の距離で決まります。角Rを大きくしたい場合は距離を大きくしていきます。

10 底面の角Rを調整していきます。
底面のエッジの1本をダブルクリックすると全周（ループ）が選択されます。右クリックをしてマーキングメニューからエッジを挿入を選択し、挿入位置を0.05にしてOKボタンを押します。

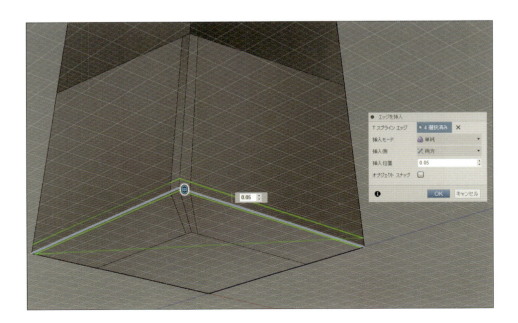

底面を選択して右クリックし、**フォームを編集**を選び、10mm上に移動します。

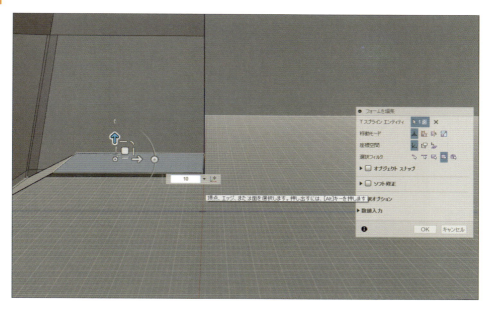

02-03 全体のボリュームで仕上げる

複製コマンドで全体のボリュームを完成させます。エッジの挿入後にスムース表示を実行するとエラーやテンションの偏りが発生する場合があります。ボディの修復機能や均一化を使い正常な状態に戻す方法を学びましょう。

 ツールバー＞対称＞円形 - 複製を選択します。

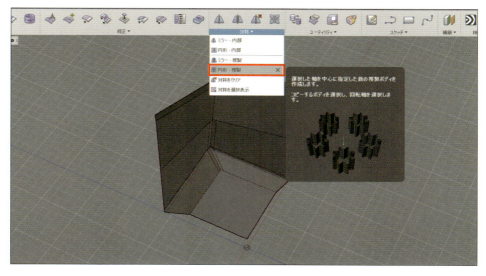

02 次に回転する**軸**を選択します。

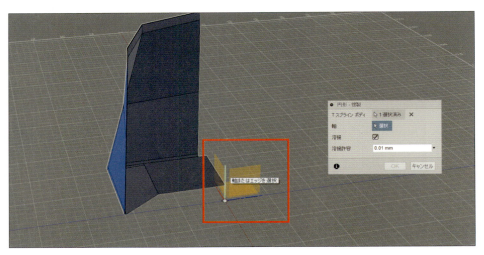

オプションウィンドウのデフォルトの**数量**は3ですので図のような形になります。

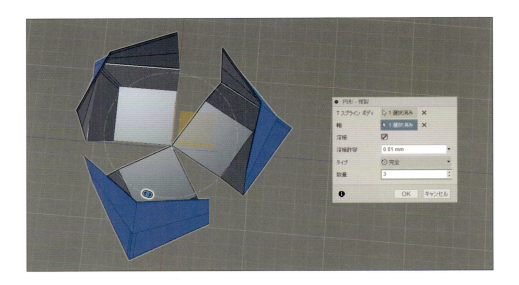

オプションウィンドウの**数量**を4に変更すると形状が完成します。

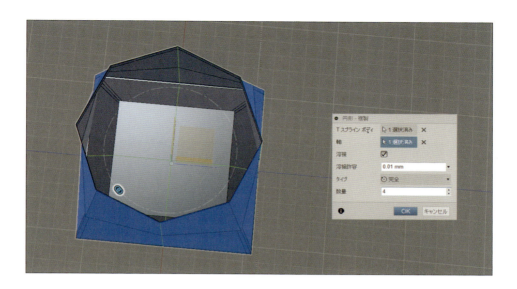

03 Alt＋3でスムース表示に切り替え、形状を確認します。丸から四角にスムースに変化する形状を簡単に作ることができました。

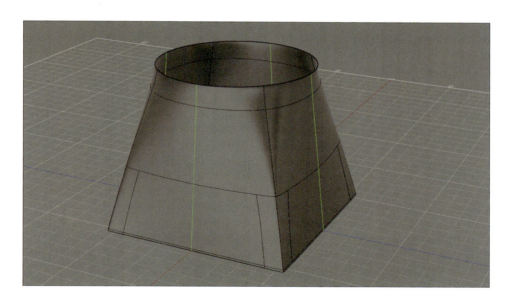

04 Alt+3でスムース表示に切り替わらない場合は、点と点が離れているなどの不具合が考えられます。

その場合は自動修復機能を使って修復してみましょう。**ツールバー＞ユーティリティ＞ボディを修復**を選択します。

オプションウィンドウの自動修復にチェックを入れ、オブジェクトをクリックします。エラーがある場合は赤色で表示されます。自動で修復できない場合は手動で直します。

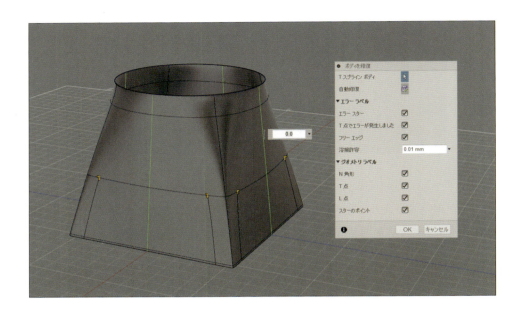

05 **ツールバー＞作成＞球**を選択します。次に**オプションウィンドウ**で**直径**：85mm、**経度の面**：8、**緯度の面**：8にして**OK**ボタンを押します。

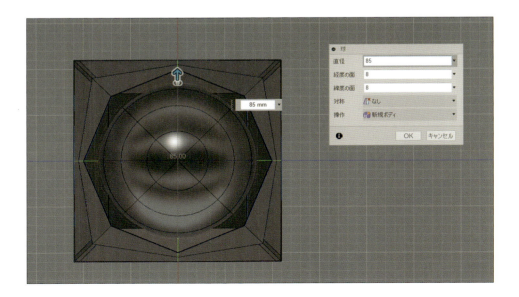

球の上半分を選択して削除します。

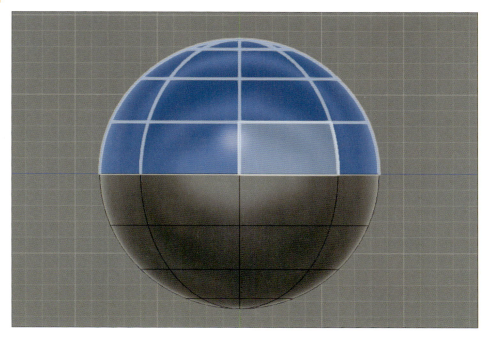

 半球を選択して図の位置まで移動します。

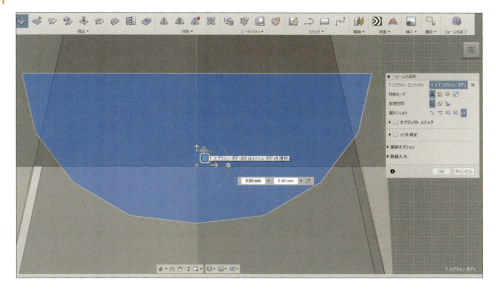

08 半球に上下方向のスケールをかけて楕円に変形します。マニピュレーターの矢印の部分をクリックしたまま上下方向にドラッグするとオブジェクトが変形します。

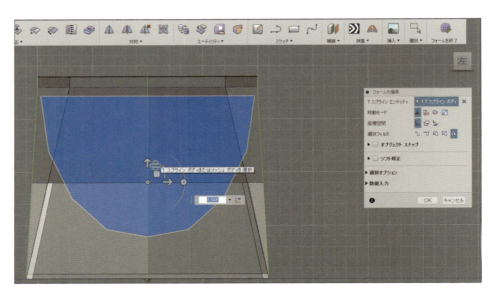

09 内側のオブジェクトを移動して外側と高さを揃えます。

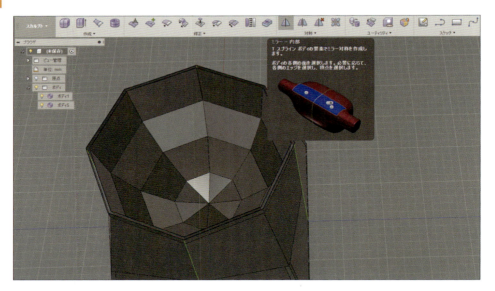

10 **ツールバー＞対称＞対称をクリア＞オブジェクト**を選択して**OK**ボタンを押します。
これにより、外側のオブジェクトの対称が解除されます。

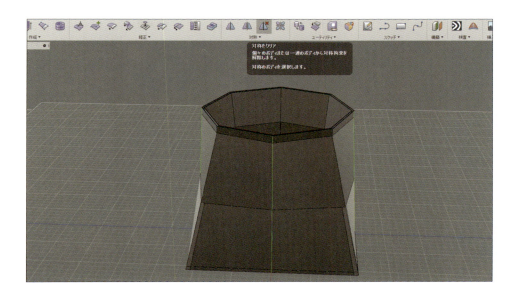

11 **ツールバー＞修正＞ブリッジ**を選択します。上面の外側と内側のエッジをそれぞれダブルクリックで選択し、**オプションウィンドウ**の**面**の数値を1に変更したら**OK**ボタンをクリックします。ブラウザを確認するとボディが1個に統合されて1つのオブジェクトになりました。

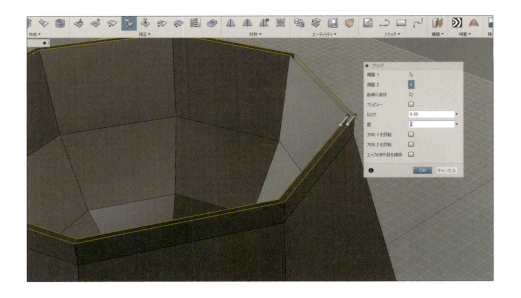

12 角Rの調整をしていきます。上面の内側のエッジをダブルクリックで選択して右クリックし、**エッジを挿入**を選択します。**オプションウィンドウ**の**挿入側**を単一、**挿入位置**を0.05と入力して**OK**ボタンをクリックします。

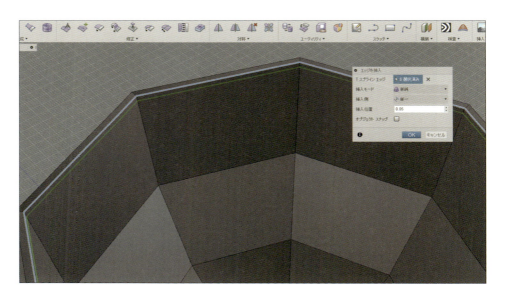

13 面がスムースにできているかゼブラ解析で確認します。
ツールバー＞検査＞ゼブラ解析を選択します。オブジェクトを選択すると図のようなシマ柄が表示されます。面が凸凹しているとシマ柄が歪んで見えます。形状によって評価しやすいシマの方向を**オプションウィンドウ**の**方向**で、垂直または水平を切り替えて評価してください。
OKボタンを押すとブラウザに解析のレイヤーができます。レイヤーの左の三角をクリックすると下の階層が表示されます。ゼブラを非表示にする場合は解析レイヤーの電球アイコンをクリックするとゼブラが非表示になり、元のシェーディングになります。

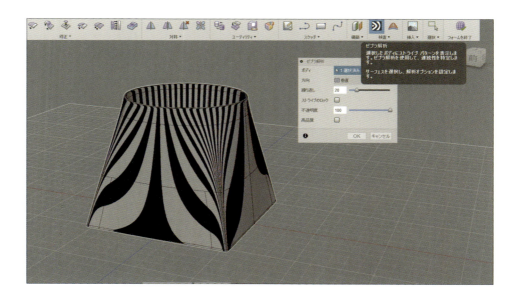

14 ボックス表示とスムース表示を比較してみます。このように少ない面で有機的なグラスが制作できます。

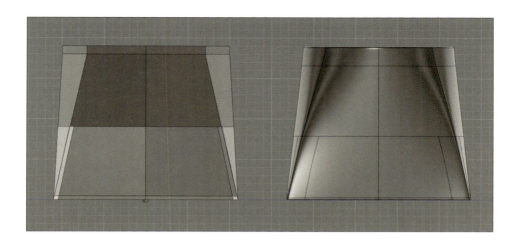

02-04 氷とウィスキーの作成

氷のモデリングですが、ここでは初めからエッジの本数を増やして一発で角Rまで設定してしまいます。スカルプトモデリングには色々なアプローチがありますので手早い方法を考えて試してみましょう。

01 **ツールバー＞作成＞平面**を選択し、図のような位置に作成します。
次に、**ツールバー＞検査＞断面解析**で作成した平面を選択して**OK**ボタンを押します。オブジェクトの中に別のオブジェクトを作成する場合などは**断面解析**を利用して断面を見ながら作業を進めることをお勧めします。**表示スタイル**を**ワイヤーフレーム**にすればオブジェクトの内側は確認できますが、**シェーディング**で見たほうがボリューム・重さ感は把握しやすいです。断面を表示した状態で氷を作成していきます。

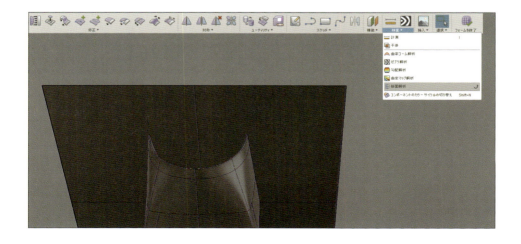

02 ツールバー＞作成＞直方体を選び、30mm角で面の数は8で作成します。

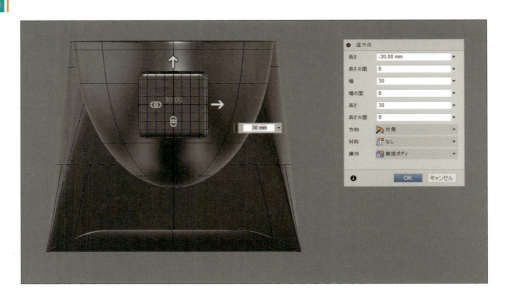

03 ウィスキーの面を作成します。ツールバー＞作成＞平面を選択し、オプションウィンドウで、長さ：150、幅：150を設定し、OKボタンを押します。原点を中心に平面を作成して、適切な位置まで移動します。

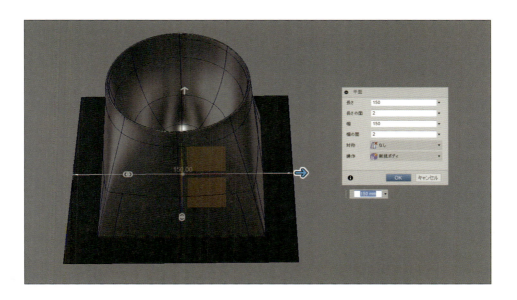

04 ビューキューブの上を選択します。STEP 02で作成した氷を選択して回転および移動でグラス内の適当な位置にレイアウトします。続けてこの氷をコピー&ペーストで複製し、計4個程度をレイアウトできたら次のステップに進みます。

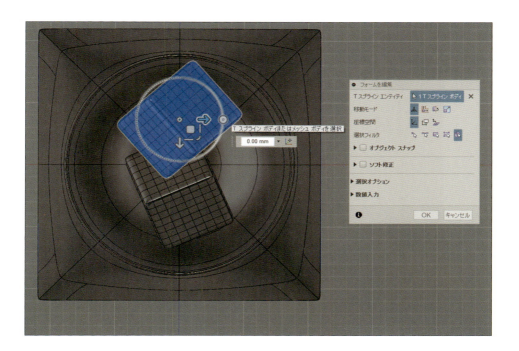

05 ツールバー>作成>平面でウィスキー面を作成します。

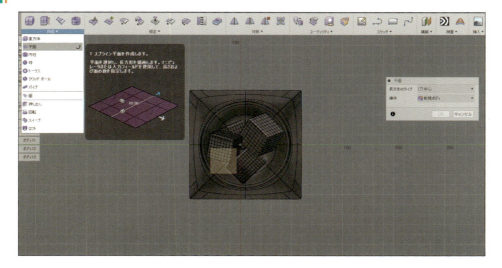

06 画面下のナビゲーションバーの表示設定から**表示スタイル＞ワイヤーフレーム**でワイヤーフレーム表示にします。
ウィスキー面の位置を適度な位置にセットします。

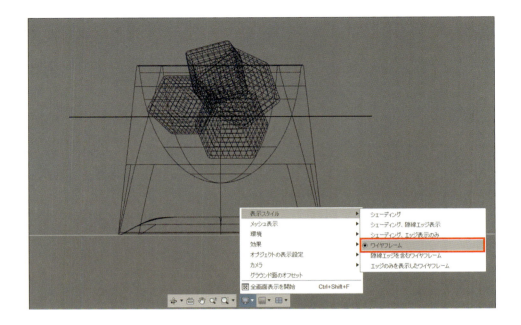

07 画面下のナビゲーションバーの表示設定から**表示スタイル＞シェーディング・エッジ表示**のみを選択します。
シェーディング状態で全体のバランスを確認します。

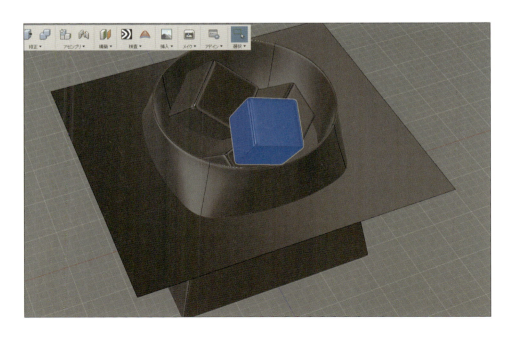

08 ブラウザで氷のレイヤー表示をオフにします（電球マークをクリック）。
ツールバー＞修正＞面を分割を選択します。

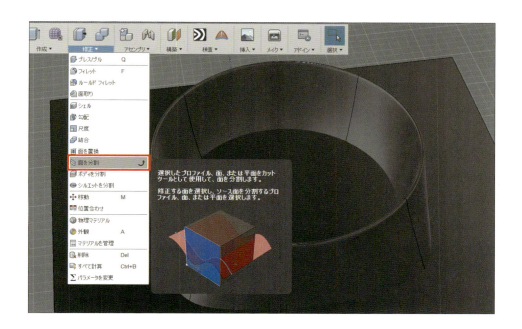

09 **オプションウィンドウ**から**分割する面**をウィスキー面に設定（選択）して、次に**分割ツール**をグラスに設定（選択）します。

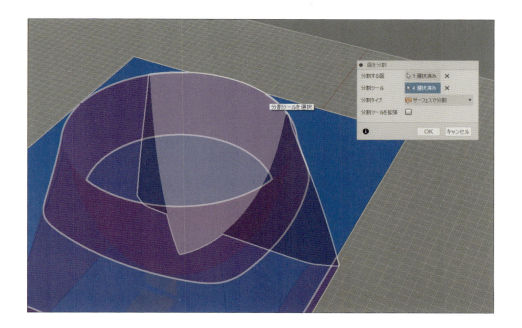

10 下図のように平面が分割されたら、不要な部分を選択して削除します。

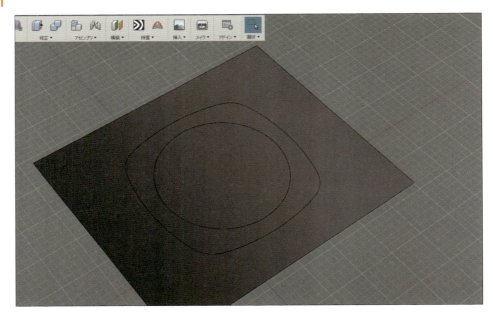

11 氷を表示し、**ツールバー＞修正＞面を分割**を選択します。
分割する面をウィスキー面に設定(選択)して、次に**分割ツール**を氷に設定(選択)します。

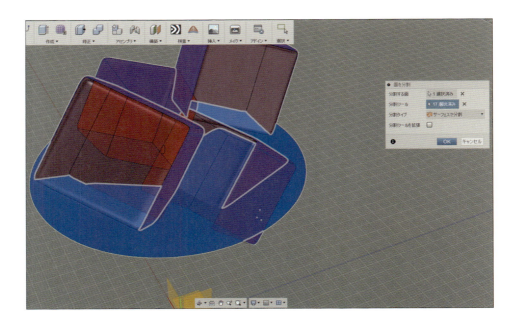

図のようにトリムされたウィスキー面の完成です。

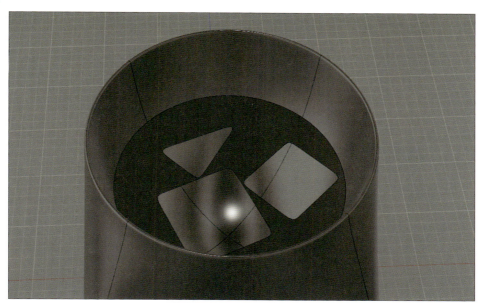

02-05 レンダリング

2017年6月に透明マテリアルの表現設定がアップデートされオブジェクトを分けなくてもリアルな表現ができるようになりました（https://www.autodesk.com/products/fusion-360/blog/7903-2/）。ここでは練習ということでオブジェクトを分けた状態で解説していきます。

01 ワークスペースを**レンダリング**に切り替えます。**ツールバー＞設定＞外観**でマテリアルを設定していきます。

グラスオブジェクトに**ライブラリ**の**ガラスマテリアル＞ガラス（クリア）**をドラッグ＆ドロップでアサインします。次にウィスキー面に**ライブラリ**の**ガラスマテリアル＞ガラス（ブロンズ）**をドラッグ＆ドロップでアサインします。

一度アサインされたシェーダーは**このデザイン内**に表示されます。シェーダーをダブルクリックするとオプションウィンドウが開くので、色・尺度・粗さといった詳細設定を行うことができます。

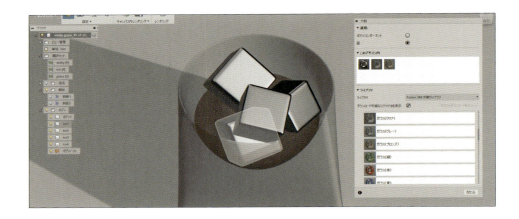

02 氷のオブジェクトに**ライブラリ**の**ガラスマテリアル＞ガラス － 泡**をドラッグ＆ドロップでアサインします。アサインできたら、**尺度**でテクスチャの大きさを調整します。

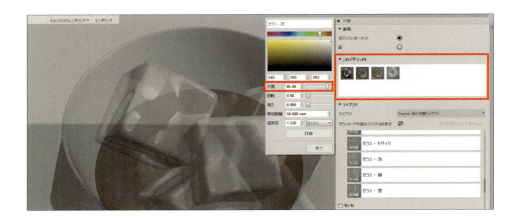

03 このデザイン内のガラス（ブロンズ）をダブルクリックします。カラーパレットで色味を調整して完了です。

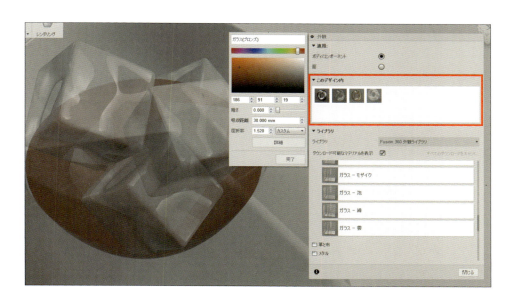

04 ツールバー＞シーンの設定＞環境ライブラリ＞リムのハイライトを選択します。

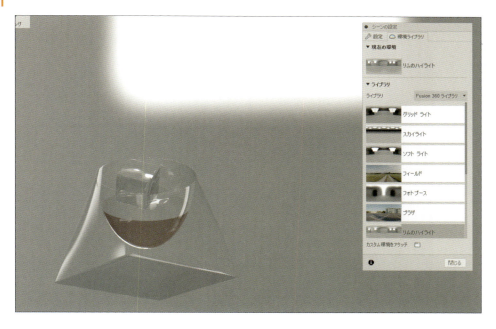

05 ツールバー＞キャンバス内レンダリングで全体をチェックします。

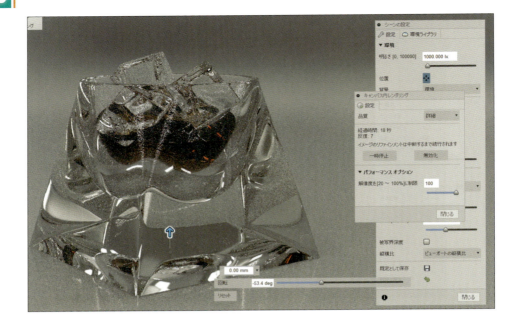

06 ツールバー＞レンダリングを選択して画像サイズなどの詳細設定を行い、**クラウドレンダラ**を選択し、レンダリングを開始します。

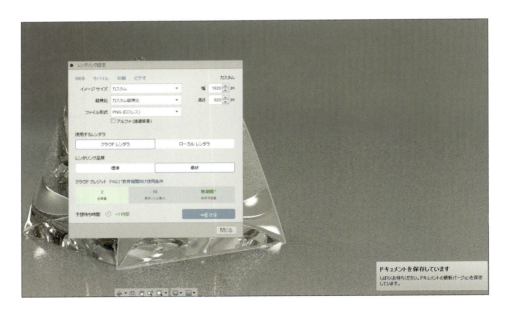

07 レンダリングができたら**レンダリングギャラリー**からダウンロードします。

08 レンダリングの完成です。

他のマテリアルと組み合わせてレンダリングしてみました。
このように、単体だけでレンダリングするだけでなく、他のマテリアルと組み合わせることで、ぐっと作品が引き立ちます。

Chapter 03
Chocolate

03-00 制作ポイント

チョコレートの完成画像

■ デザインコンセプト

ウィスキーのおつまみにチョコレートを作ってみます。一口サイズで歯ごたえの良い厚み。
自分のイニシャルが刻印されたオリジナルチョコーレートをデザインしてみます。

■ モデリングのポイント

スカルプトの中でも使用頻度の高い**押し出し**機能を活用したモデリングを体験してみましょう。
刻印はワークスペースをモデルに移して行います。オブジェクトをNURBSに変換して文字を彫り込んでいきます。**折り目**機能を使ってエッジの作成も練習していきます。

■ レンダリングのポイント

テクスチャのあるマテリアルをアサインしてリアリティーのある表現をレンダリングしてみます。

03-01 チョコレートの外側を作成

ここでの形状はソリッドモデリングのほうが手早くできます。しかしチョコレートの柔らかさを表現したいのでスカルプトの柔らかいアールを生かしてモデリングしていきます。

01 新規デザインを開いたら、**ツールバー＞作成＞直方体**でベースとなるプリミティブを作成します。次に直方体の底面を選択し、中心にカーソルを持っていきスナップしたら、適当な位置までドラッグしてクリックします。
オプションウィンドウでサイズを指定します。
長さ：30、**長さの面**：2、**幅**：30、**幅の面**：2、**高さ**：5、**高さの面**：2として、**対称**：**ミラー**、**長さの対称性**にチェックを入れて**OK**ボタンを押します。

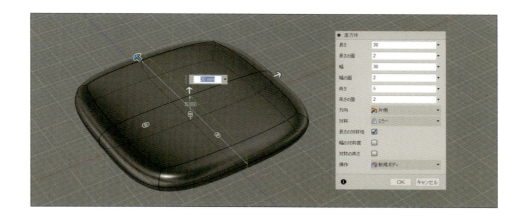

02 **alt＋1**でボックス表示にしてモデリングしていきます。
上部の面を選択します。**alt**を押しながら**マニピュレーターの上の矢印を選択して上方に移動**するとボリュームが押し出されます。3mm程度押し出しておきます。

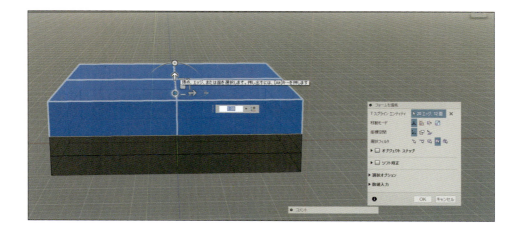

03 スカルプトのモデリングは数値で管理するよりも粘土のように感覚的に行うモデリングスタイルです。まずは全体のボリュームを作ります。

図のように上部1/3を選択し、マニピュレーターのセンターにマウスカーソルを合わせると中心から三方向に三角印が表示されます。

この三角印をクリック&ドラッグすると、選択中の面をスケーリング(拡大・縮小)することができます。上部に縮小をかけます。

04 ビューキューブの前を選択して正面からオブジェクトを見ます。

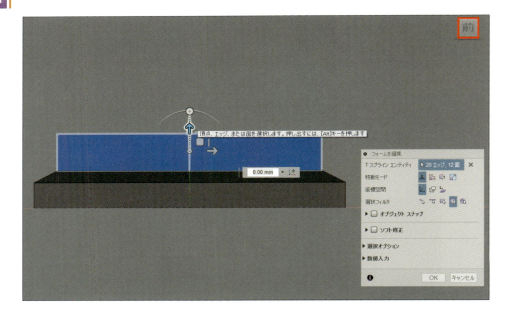

05 全体のシルエットの調整をしていきます。
まずは①の高さから微調整していきます。エッジのどこか一部をダブルクリックして全周（ループ）を選択したら、マニピュレーターの上矢印を上下移動で適切な位置に調整します。②、③も同様に調整を行い全体のシルエットを整えます。

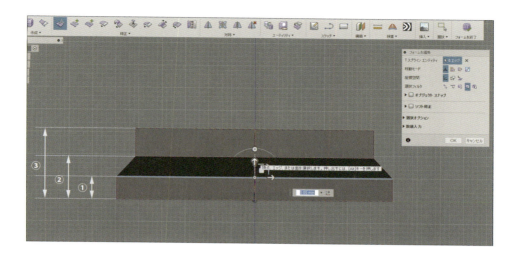

06 **alt＋3**でスムース表示にすると下図のような状態になります。
次のステップで角Rの大きさを調整していきます。

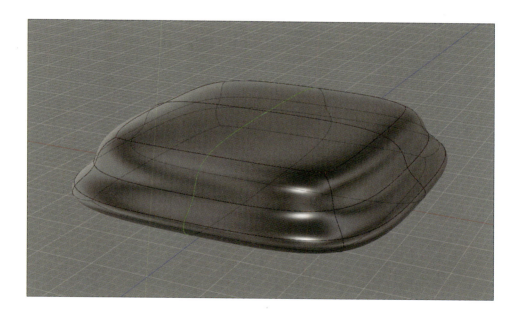

07 オブジェクトをダブルクリックして全体を選択し、**ツールバー＞修正＞再分割**を選択します。

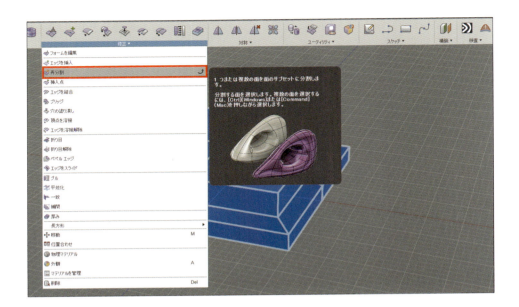

08 **オプションウィンドウ**の**指定**にチェックを入れ、**長さの面**と**幅の面**の数値を4にします。
面が分割され一発で角Rのコントロールができます。

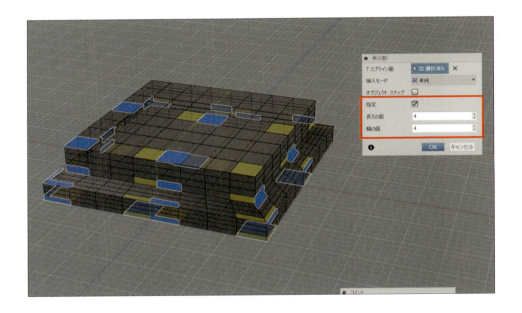

09 alt+3でスムース表示にして角Rの大きさを確認します。

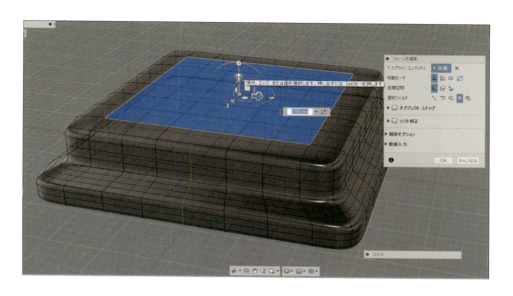

10 下図のように上面部を選択します。**altを押しながら矢印を下げて**凹みを作成します。

11 凹みの段差部分の2本のエッジループを選択して右クリックし、**折り目**を選択します。これにより選択部分のエッジ（アール）がシャープになります。

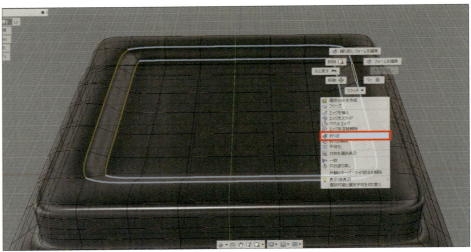

> **ヒント** マーキングメニューの活用
>
> エッジを選択している状態で右クリックするとエッジに関係するメニューが上図のように表示されます（面を選択している場合は面に関係するメニューが表示されます）。
> ツールバーからでも同じ機能を選択することはできますが、こちらのほうがリズムよくスピーディーにモデリングを行うことができるのでお勧めです。

12 同様の手順で、底面のエッジにも**折り目**を適用してシャープにします。

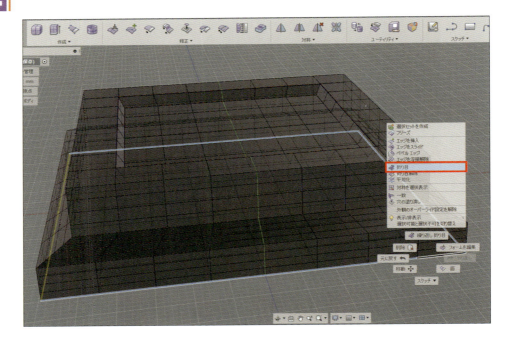

03-02 ロゴの彫り込み

テキストコマンドを使って文字の彫り込みを行います。ちょっとしたアクセントで全体のクオリティーは上がりますので是非習得しましょう。製品データに文字を彫り込む場合はIllustratorで作成した精度の高いデータを使用します。後の章で手順を解説致します。

01 面をトリムしたり分割するには**NURBS**に変換する必要があります。
画面左上のスカルプトをクリックすると下に他のワークスペースが表示されます。
その中の**モデル**を選択するとオブジェクトは自動で変換されます。
変換後は下図のようにエッジの構成が変わります。
再度スカルプトに戻る場合は画面下の履歴のフォームアイコンをダブルクリックするとスカルプトに戻ることができます。

02 **ツールバー>スケッチ>テキスト**を選択します。

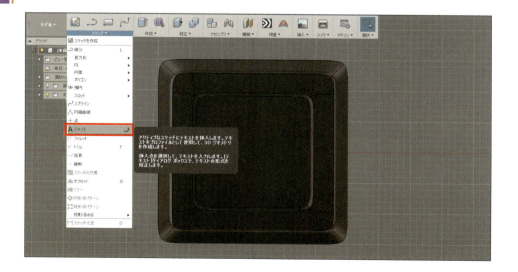

Chapter03: Chocolate | 057

03 テキストをマウントする面を選択します。今回は上面の凹みの部分を選択してください。

04 **テキスト**の入力欄にGと入力して**オプションウィンドウ**でサイズ、文字スタイル、フォントの設定を行います。

05 ツールバー＞作成＞Extrude（または押し出し）を選択し、テキストのプレーンを選択して**オプションウィンドウ**で詳細設定を行います。
開始は**オブジェクトから**を選択してテキストを彫り込む面を選択します。
距離：-0.5mm、**操作**：切り取りにして**OK**ボタンを押します。

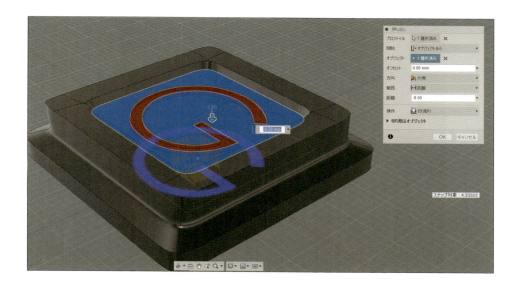

ヒント 押し出しの表記について

Fusion 360のバージョンによっては**押し出し**が**Extrude**と表記される場合がありますが、バージョンアップの際に**押し出し**と変更されることが予想されます。本書籍では、現状のバージョン表記を明記しますが、括弧を付け、押し出しと但し書きを入れています。

06 同様の手順でFusion 360のテキストも彫り込みます。

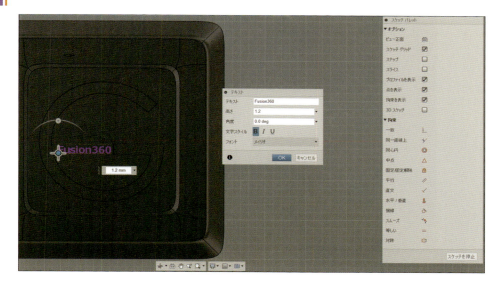

Chapter03: Chocolate | 059

07 面取りを作成します。
ツールバー＞修正＞面取りを選択して処理をするエッジを選択します。矢印を選択したまま移動すればインタラクティブに大きさが変化します。**オプションウィンドウ**の**距離**に数値入力でも設定できます。

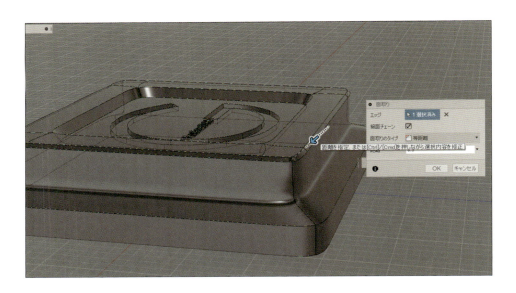

08 フィレット（角R）を作成します。
ツールバー＞修正＞フィレットを選択して処理をするエッジを選択します。矢印を選択したまま移動すればインタラクティブに大きさが変化します。**オプションウィンドウ**の**距離**に数値入力でも設定できます。

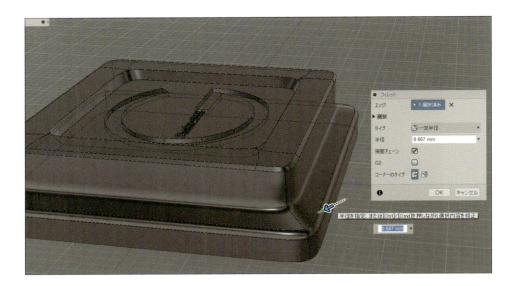

09 チョコレートのピースが完成です。

03-03 レンダリング

リアルな表現をするにはマテリアルのテクスチャは重要なファクターです。　ここでは色味・テクスチャの設定と微調整を覚えましょう。この設定方法は色々なテクスチャ設定に応用できますので確実に覚えましょう。

01 レンダリング用に板チョコレートを作ります。
チョコレートのオブジェクトを選択して**Ctrl+C→Ctrl+V**でコピー&ペーストして増やします。チョコレートのサイズは30mm角ですので図のように30mm移動して横に並べていきます。同様の作業を繰り返して板チョコレートを作成します。

02 ツールバー＞**外観**を選択してマテリアルを表示します。

03 **ライブラリ＞ペイント＞パウダーコート**を選びます。
色は後で調整ができるので現状は何色でもかまいません。

04 **このデザイン内**のパウダーコートをダブルクリックすると**オプションウィンドウ**が開きます。

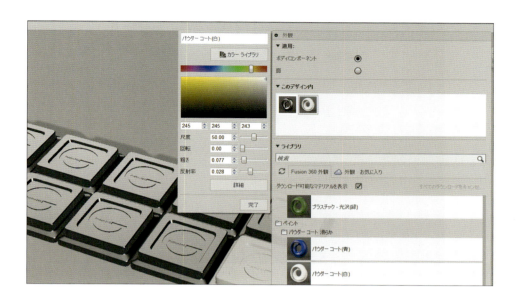

05 カラーパレットでチョコレートの色に調整します。**尺度**と**粗さ**をスライドバーで調整します。

06 このデザイン内のパウダーコートを右クリックして、メニューから複製を選択します。

07 適用内のラジオボタンで面を選択します。これにより、面(フェース)の一枚ずつにマテリアルを割り当てることが可能になります。ロゴ部は光を受けたときに通常の面より目立つようにテクスチャの凸凹を細かくしてコントラストをつけます。

08 カメラ設定の**焦点距離**でパースを調整します。
被写界深度にチェックを入れ、フォーカスしたいところをクリックします。グリーンのポイントができるのでそこが焦点になります。
ぼかしのスライドバーで背景のぼかし度を調整します。

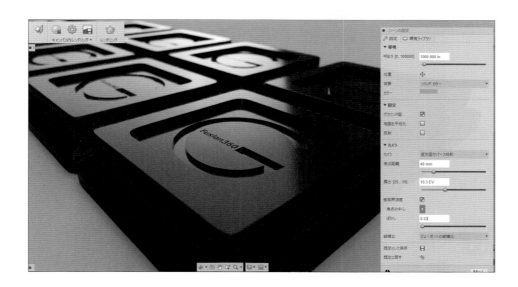

09 レンダリングの演出として箱とテーブルを簡単にモデリングします。また、チョコレートの色を変えるなど、お好みでアレンジを加えてみても面白いと思います。

10 箱はゴールドに、テーブルにはクルミ材を設定して、環境を絵作りします。

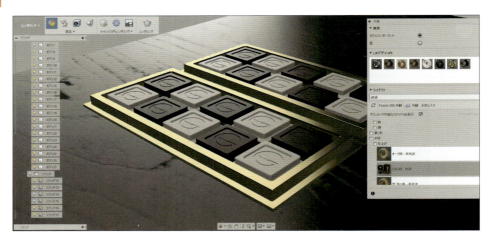

11 レンダリングの完成です。

Chapter 04
Chocolate Glass

04-00 制作ポイント

チョコレートグラス完成画像

デザインコンセプト

アメ細工のようにビヨ～ンとのびる特性がガラスとポリゴンモデリングにはあります。
その両方の特性をフュージョンして酒のつまみを入れるグラスをデザインしてみます。4本足で歩き出しそうなキャラクターにしてみましょう。

モデリングのポイント

ウィスキーグラスとチョコレートのモデリングでスカルプトにも少し慣れてきたかと思います。ここでは短時間で面白いデザインのグラスをモデリングしていきます。
スカルプトの特性、利便性、楽しさを体感していただきたいと思います。
ポイントは4脚の押し出しと、大きなテンションのかけ方になります。

レンダリングのポイント

色々なガラス表現に挑戦してみましょう。色や素材を変えるだけで新たな気づきを得られます。そしてそこから新しいデザインが生まれることもあります。
色とかたちの関係はとても大切です。クイックにシュミレーションができるのも3Dならではです。

04-01 器の部位の作成

スカルプトモデリングのポイントの1つに角のエッジ構成があります。角から対角線上にエッジを入れることにより適切なテンションをコントロールできます。言葉だけでは理解できないと思いますのでこの章で体験してその感覚を習得してください。

01 新規デザインを開いたら**ツールバー＞作成＞直方体**を選択して、**オプションウィンドウ**のサイズの設定から **長さ**：100、**幅**：100、**高さ**：100にして、エッジの数を**長さの面**：6、**幅の面**：6、**高さ面**：6にします。**対称**：**ミラー**にして、**長さの対称性**と**幅の対称性**にチェックし、**OK**ボタンを押します。

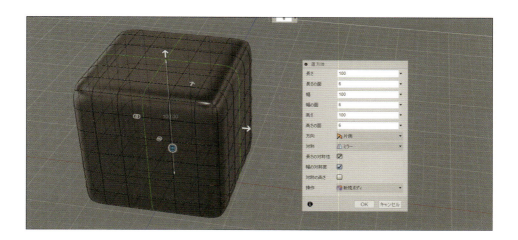

02 グラス内の底面となる面を選択し、**Alt**を押しながら下方に移動して押し出しを行います。押し出し量は45mm程度にしておきます。

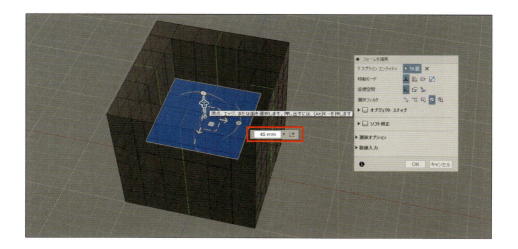

03 図のように上面内側のエッジ(縁)部分を選択します。
マニピュレーターの中央のスケールでエッジを拡大して間口を広げます。

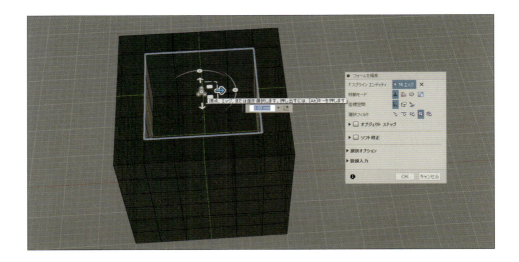

04 スカルプトの特性として、引っ張り合ってテンションをコントロールしています。
エッジの方向性がバラバラだと綺麗な曲面が表示できません。
規則性を崩さないように**挿入点**を使ってコントロールしていきます。
ツールバー＞修正＞挿入点で図のように点を挿入します。

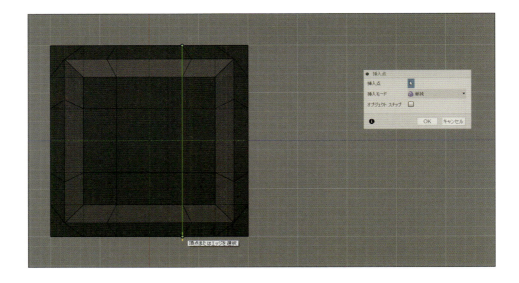

05 横方向も同様に点を挿入していきます。

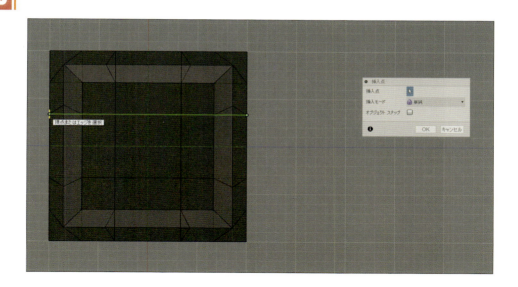

06 **挿入点**で新しいエッジを作成したら**不要なエッジを選択して削除**します。

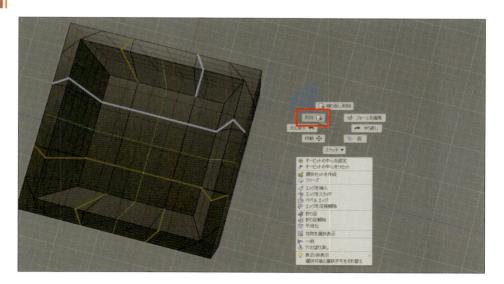

> **ヒント** エッジの規則性
>
> 綺麗な形状を作り出すには**エッジの規則性**が重要になります。規則性を整えながらモデリングする習慣をつけましょう。

07 角はテンションが集中する部位です。力をどのように分散させると綺麗な形になるかを考えながら面を分割していく必要があります。
①ボックス表示でエッジを作成、②スムース表示で形状確認の流れで進めてください。

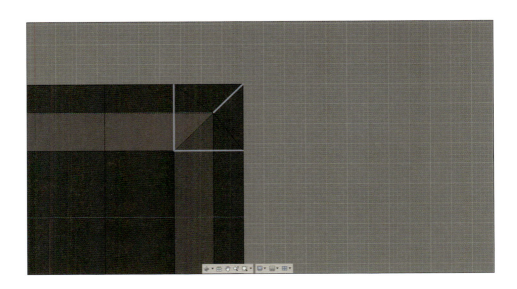

パースビューで確認すると図のような状態になります。

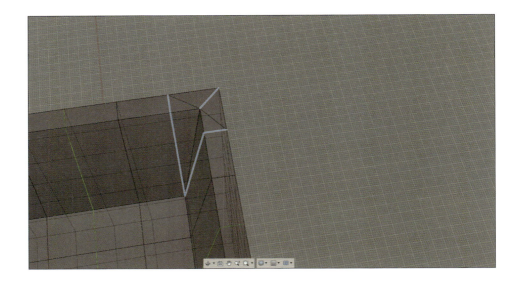

不要なエッジを削除します。

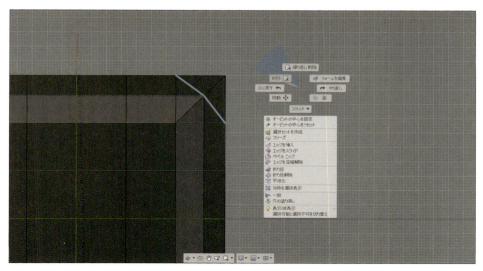

 上面のエッジを選択して右クリックし、**マーキングメニュー**から**折り目**を選択して**OK**ボタンをクリックします。

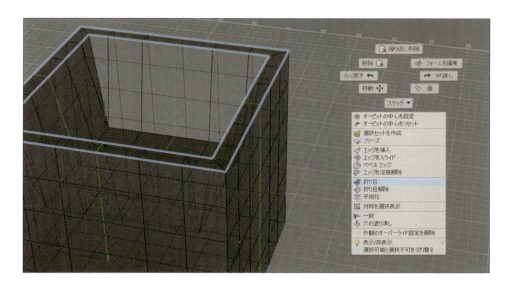

04-02 脚部の作成

シンメトリーを効かせて4本脚を効率良くモデリングしていきます。スカルプトならではの楽しい感覚を味わってください。また脚の踏ん張り感などのエモーショナルな味付けも手軽にコントロールできますので色々な表現を試すのも楽しいと思います。

01 4本脚の作成を行います。
前節の設定で対称性が左右上下に効いているので下図のように1つの面を選択します。

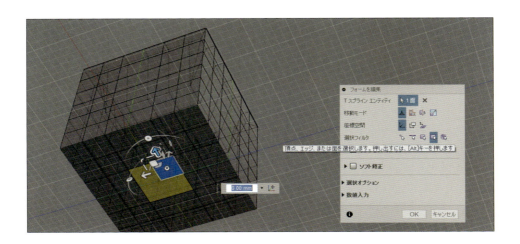

02 Altを押しながら矢印を移動して押し出しを行います。

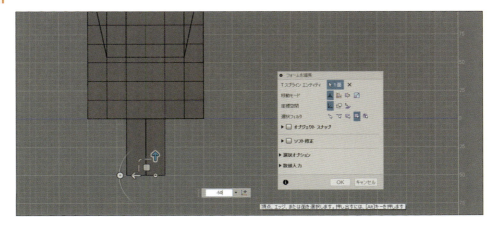

> **ヒント 押し出し操作**
> 押し出しでの注意点はChapter1のビデオで紹介していますので、まだ見ていない人はチェックしてみてください。

押し出し中にAltを放すとその場所でエッジが作成されるので、図のように2段階程度押し出したところで止めておきます。

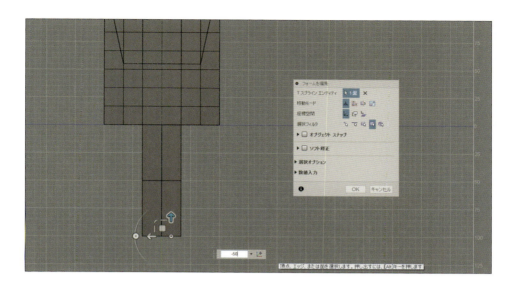

03 一旦スムース表示にして、ここまでの作業を確認してみます。
スムース表示で見ると、4本の脚ができてるのが確認できます。
次のステップで脚を外側へ広げるため、下図の青色部分を選択しておきます。

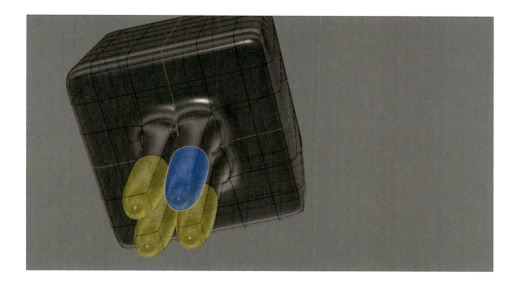

04 脚の形状を整えるため、**ビューキューブ**の**上**を選択します。
選択した脚をグラスの角まで移動します。

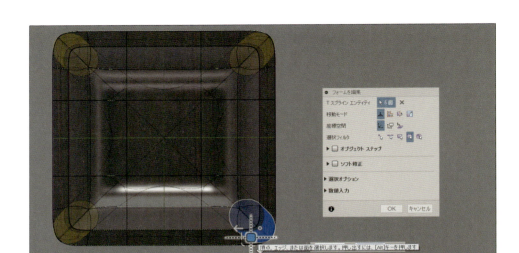

スムース表示を解除してしまった場合は、もう一度スムース表示に戻して確認してみます。

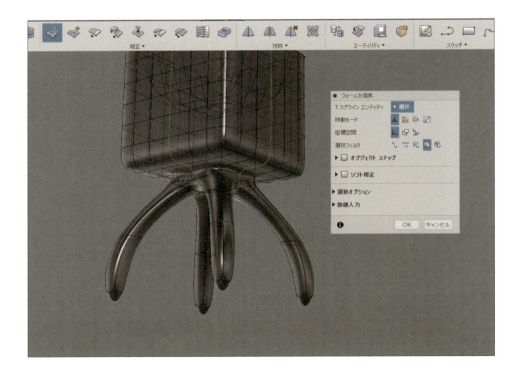

05 脚の中間のエッジを選択して右クリックし、マーキングメニューから**エッジを挿入**します。

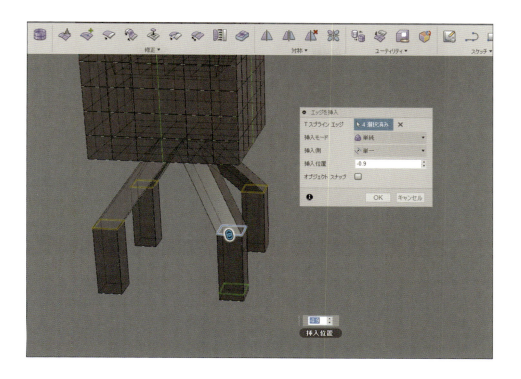

06 脚の先端の台座となる部分を作成していきます。図のように脚の下部を選択し、**Alt**を押しながらマニピュレーターの中央（矢印が三方向出てるアイコン）をクリック＆ドラッグして適度に押し出します。

Chapter04: Chocolate Glass | 077

07 下図のエッジを選択し、下方に移動して台形形状にします。

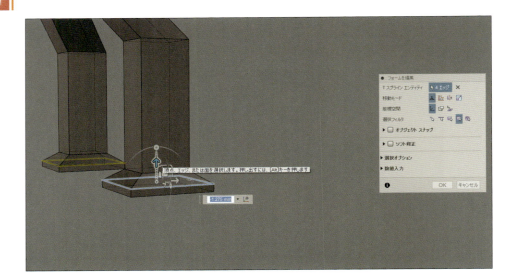

08 テンションを均一化します。
まず**alt＋3**でスムース表示にします。脚部のエッジが下のほうに寄っているのがわかります。**ツールバー＞ユーティリティ＞均一化**を選択してＯＫボタンを押し、ストレスを開放してあげます。
このようにボックス表示とスムース表示でエッジの位置が極端に変わる場合は、テンションを均一化する必要があります。

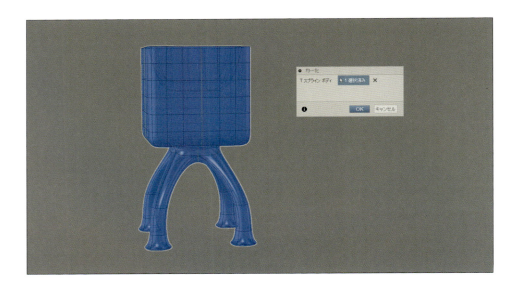

09 図のような位置にエッジを挿入してRを調整します。
また、足先（台座底部）の全周エッジに**折り目**を適用します。ボックス表示では、**折り目**を適用した線（エッジ）が太線で表示されます。

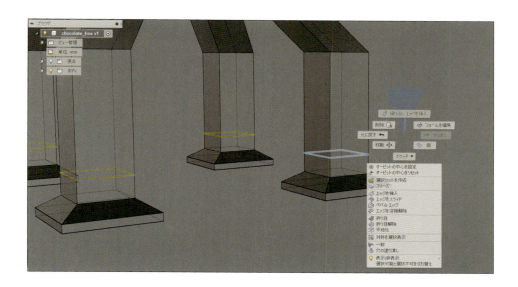

10 脚のひざ下（垂直部分）を選択して、図のように外側に広げます。

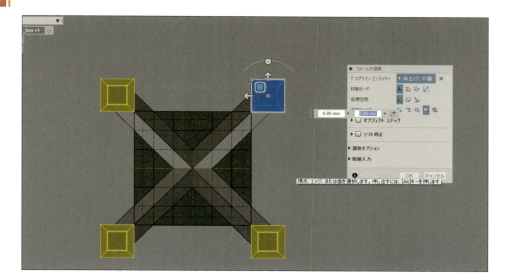

11 図のエッジ（グラス底部外側）を選択して削除します。
C面（コーナー面）に形状を変更します。C面の上下のエッジは**折り目**に設定します。

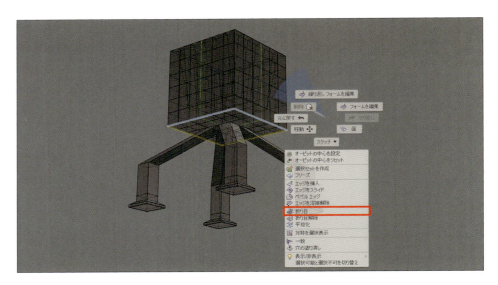

12 **ツールバー＞修正＞挿入点**で角にエッジを追加します。

04-03 NURBS変換からフィレット作成

スカルプトのアールは自由曲線でつなぎ目の無い複合アールになります。自然な変化でアールが構成されます（詳細はビデオ演習のスカルプトの特性で解説しています）。一方、**NURBS**変換後に作成するアールは単一的なアールになります。機械的にアールを作成する場合はNURBS変換後にフィレットコマンドで作成していきます。

01 ワークスペースを**スカルプト**から**モデル**に切り替えます。オブジェクトはこの時点で**NURBS**に自動変換されます。エッジの表示が図のように変わります。
グラスの縁に面取りを作成します。**ツールバー＞修正＞面取り**を選択し、矢印を押し込むかウィンドウに数値を入力し大きさを決めて**OK**ボタンを押します。

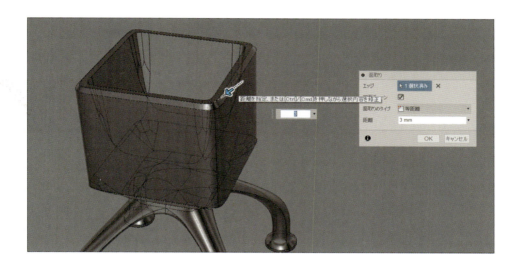

02 続けて、縁の内側にフィレットを作成します。**ツールバー＞修正＞フィレット**を選択し、縁の内側のエッジを選択して**OK**ボタンを押します。

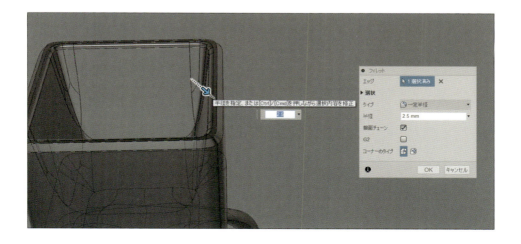

03 同じようにして、脚部・座面のエッジにもフィレットを作成します。**ツールバー＞修正＞フィレット**を適用してモデリングの完成です。

04-04 レンダリングでバリエーション作成

マテリアルや色の割り当てによってデザインの見え方はまったく違ってきます。Fusion 360 はレンダリング機能も優れているので透過を表現する際も、ガラス、水、ダイヤモンドなど屈折率を変えて計算してくれます。その違いを是非実感してみてください。

01 **ライブラリ**から**ガラス＞滑らか＞ガラス（クリア）**を選択して、オブジェクトにドラッグ＆ドロップでアサインします。

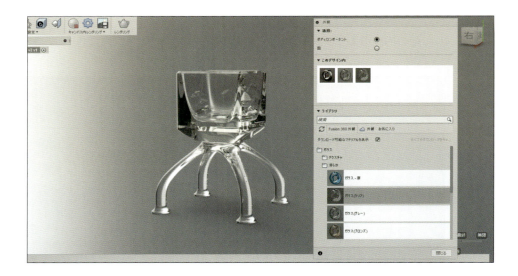

02 ライブラリから**ガラス**>**色濃度**>**ガラス - 淡色(青)**を選択してオブジェクトにドラッグ&ドロップでアサインします。

03 **ライブラリ**から**ガラス**>**テクスチャ**>**ガラス - 雲**を選択して、オブジェクトにドラッグ&ドロップでアサインします。シェーダー設定の**尺度**でテクスチャの大きさを調整します。

04 CG上でカラーやテクスチャの検討が行えます。色々なマテリアルをアサインして試してみましょう。

05 STEP 02の手順で**オプションウィンドウ**を開きます。**屈折率**にある**カスタム▼**の中に**ダイヤモンド**や**ガラス**などの素材があります。
ダイヤモンドを選択すると屈折率が増えるのでキラキラ度が高くなります。

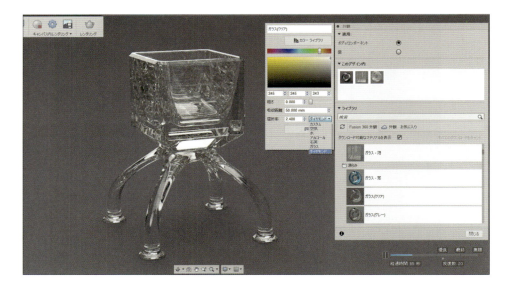

06 屈折率にあるガラスでレンダリングしてダイヤモンドとの比較をしてみましょう。屈折率が違うのがわかります。

07 今度に屈折率から水でレンダリングしてみます。素材の選択によってリアルな表現が可能になります。

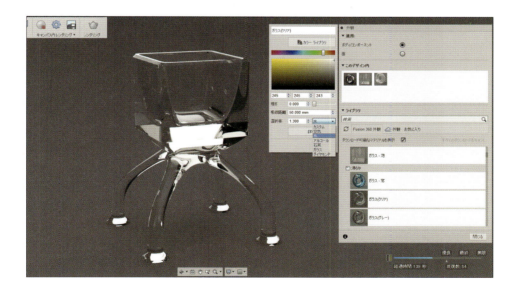

08 ツールバー＞設定＞シーン設定のオプションウィンドウのカメラで焦点距離・露出・被写界深度・縦横比の選択ができます。

今回はレンダリングの環境はデフォルト以外のHDR(.hdrファイル)を使用しています。Webからフリーのデータをダウンロードするか、市販のHDRを用途に合わせて購入します。自分のHDRを読み込む手順は、ツールバー＞シーンの設定＞環境ライブラリ＞カスタム環境をアタッチのフォルダアイコンをクリックして読み込み、ツールバー＞シーンの設定＞設定ダブにある背景を環境とすれば背景が適用されます()。

図のレンダリングは被写界深度にチェックを付けて背景をぼかしています。
このぼかしを入れたシーンの設定は次のような手順で行います。

①焦点距離でパースを決めます。
②露出で明るさを調整します。
③被写界深度にチェックを入れます。
④オブジェクトのフォーカスしたい部分をクリックするとグリーンのポイントができます。
⑤ぼかしのスライドバーで背景のぼかし度を確定してレンダリングを作成します。

レンダリングのポイントは①環境(背景)、②ライティング、③マテリアルになります。シーンの設定でライブラリにある色々な環境を試すことをお勧めします。章冒頭の画像では、レンダリング環境(HDR)にライトがセットされているので、環境を変えることでオブジェクトの映り込みが変化し、表情が変わります。

Chapter 05
iPhone Speaker

05-00 | 制作ポイント

チョコレートグラス完成画像

デザインコンセプト

管楽器メーカーがiPhone speakerをプロデュースしたらどんなになるだろう！？
サックスフォーンのようで３Dプリンターでなければできないブラス・オブジェスピーカーをデザインしてみます。

モデリングのポイント

データ共有サイトには色々なオブジェクトがアップロードされています。ボーンデジタルのウェブサイトからiPhoneの3Dデータをダウンロードして Fusion 360 へ取り込み、それに合わせてスピーカーをモデリングしていきます。

レンダリングのポイント

金属のマテリアル表現や床の上にオブジェクトを置くセットアップ方法を解説していきます。画像のマッピングやLEDのライトの演出効果も加えて魅力的なビジュアルを制作します。

05-01 ダウンロードしたiPhoneのセットアップ

ダウンロードしてきた3DデータをFusion 360に取り込む作業から始めます。ここではiPhoneの3Dデータを使用して解説を行いますが、別のスマートフォンのデータをお持ちの場合はそちらを使用していただいてもかまいません。

01 ダウンロードしたiPhoneをFusion 360に取り込みます。
データパネルを表示＞データの詳細を維持（＜）＞新規プロジェクトを作成を選択し、「iphone speaker」という名前のプロジェクトを作成します。作成できたらこのプロジェクト内に入ります。

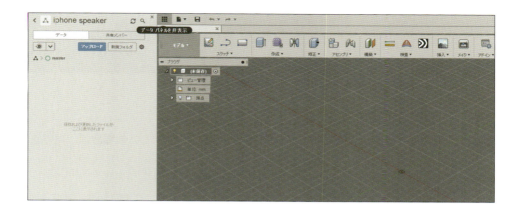

02 **アップロード**ボタンをクリックしてファイル選択画面が開いたら、ダウンロードしたiPhoneの3Dデータを選択して**アップロード**ボタンを押します。

03 アップロードが完了するとデータパネルにiPhoneのファイルが表示されます。
ファイルをダブルクリックしてデータを開きます。

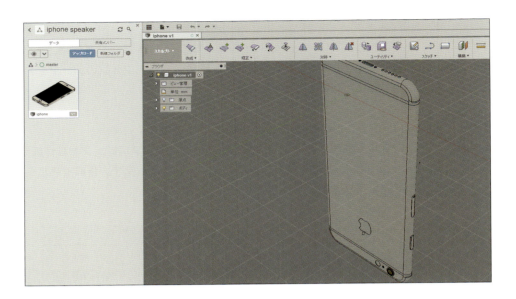

04 ビューキューブの前を選択します。
その際、下図のようにiPhoneの向きが逆さまになっている場合は、向きを調整する必要があります。

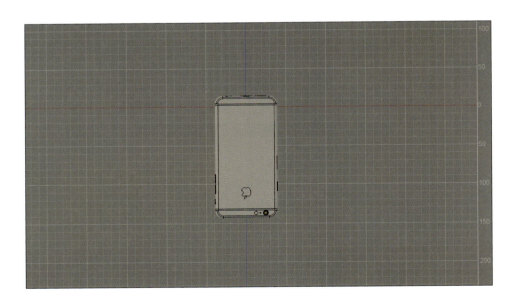

05 iPhone全体を選択し、右クリックで**マーキングメニュー**から**移動/コピー**を選択します。続けて**オプションウィンドウ**で**X角度**を-180度に設定します。

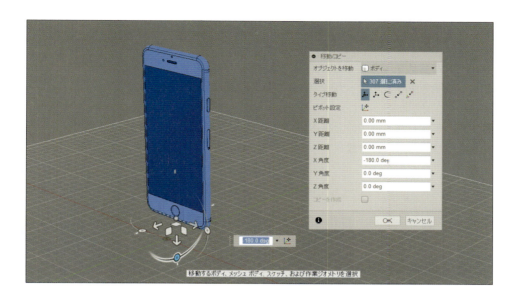

06 上下の位置をマニピュレーターの矢印で調整し、原点に戻します。

05-02 スピーカーの制作

ポリゴンモデリングには色々なアプローチがあります。代表的な手法はプリミティブなオブジェクトからスケール変形していく方法です。今回はトーラス（リング状のチューブ）からスケール機能を使ってスピーカーのベルの部分を作成します。

01 ビューキューブの上を選択します。
ツールバー＞作成＞トーラスを選択します。

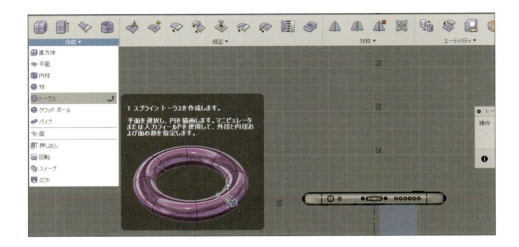

02 トーラスのオプションウィンドウで直径1：280、直径1の面：24、直径2：25、直径2の面：8、対称：ミラー、長さの対称性にチェックを入れ、OKボタンを押します。

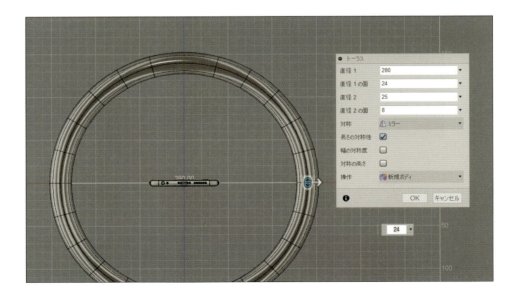

03 下半分を選択して削除します。
削除方法は削除対象のオブジェクトを選択したら右クリックから**マーキングメニュー**を出して**削除**を選択するか、**Backspace**もしくは**Delete**で削除できます。

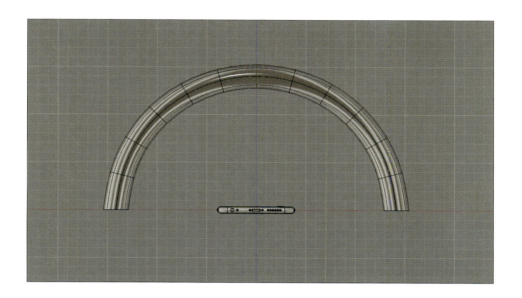

04 削除した端(縁)のエッジをダブルクリックで選択し、**フォームを編集**で拡大スケールをかけます。正面視でiPhoneにラップしない程度の大きさにしましょう。
エッジの選択を解除せずに次のステップに進みます。

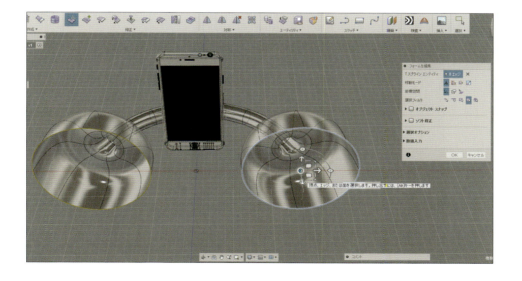

05 Altを押しながらエッジを手前に押し出して、図のようにラッパ形状にします（ボックス表示の状態は次のステップの図参照）。

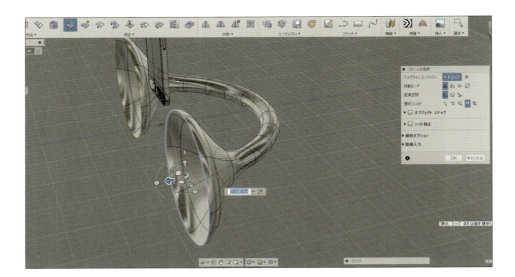

06 ラッパの根元のRを調整します
Alt＋1でボックス表示に切り替えたら下図の青のエッジループを選択し、右クリックメニューから**エッジを挿入**を適用します。
挿入位置の調整方法は、寸法表示されているウィンドウに-0.5を入力して面の中間地点に移動後、青のエッジ上の矢印で微調整を加えます。

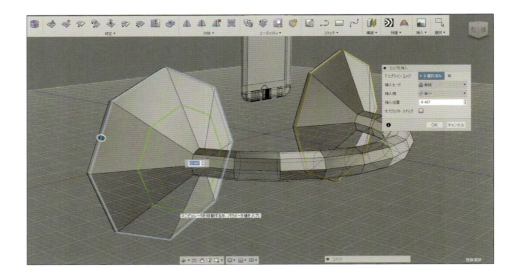

07 スケールでスピーカーのベル部を作成すると、エッジに対して直角方向に面を規制してしまいますので、一番外側のエッジループ（下図の青のエッジ）を選択し、削除します。

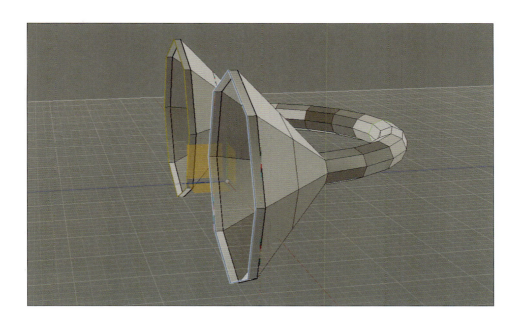

08 次にスピーカーオブジェクトを傾けて床面（グリッド上）にセットします。そのために、まずはマニピュレーターのピボット（基点）をオブジェクトの回転の支点に移動させる必要があります。
ビューキューブの**右**を選択して視点を切り替えます。スピーカーオブジェクトを選択し、右クリックのマーキングメニューから**フォームを編集**でマニピュレーターを表示させたら、入力ウィンドウ右端の**ピボット設定**アイコンをクリックします。

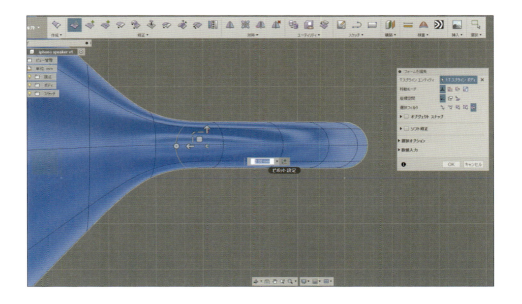

09 マウスカーソルをオブジェクトの回転支点に移動し、エッジの交点にスナップさせてクリックします。

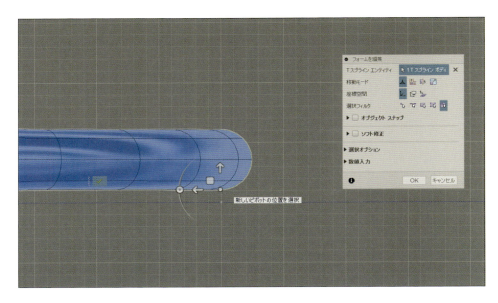

10 最後に完了(チェックアイコン)をクリックします。

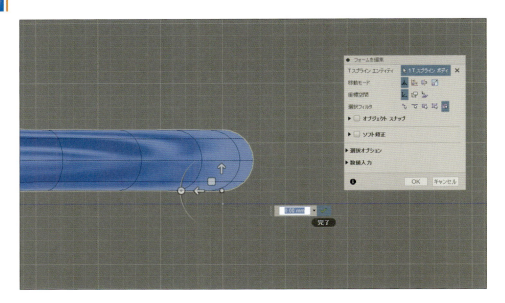

11 マニピュレーターの回転サークル上の丸印をドラッグしてオブジェクトを回転させます。上下移動の微調整も入れて床面(グリッド上)にセットします。

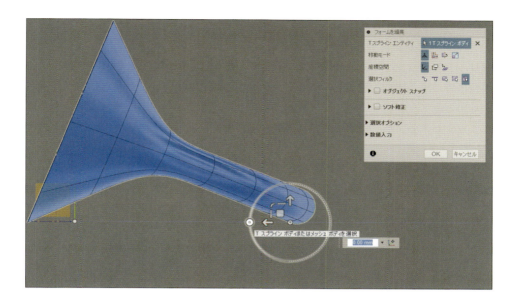

05-03 iPhoneの差し込みを作成

iPhoneの差し込み部分を作成します。
ソリッドモデリングであれば別のオブジェクトを作成して結合していきますが、スカルプトの場合は押し出し機能で別のオブジェクト形状を生成できます。このときに適切な場所にエッジがないとイメージ通りのボリュームが作れません。あらかじめトーラスの設定時に適切な位置にエッジが入るように計算しておく必要があります。

01 まずはパイプ中央の側面の押し出しを行いますが、その際注意するポイントがあります。今回のモデルのようにシンメトリーが効いている状態では、基本的には片側だけで作業を行う「ミラー操作」がメインになりますが、中心線に接する面を押し出すケースでは、片側だけを選択した場合と両側を選択した場合で結果が異なります。
片側だけを選択して押し出した場合は、下図のように中心線を挟んで二股に分かれて押し出されます。

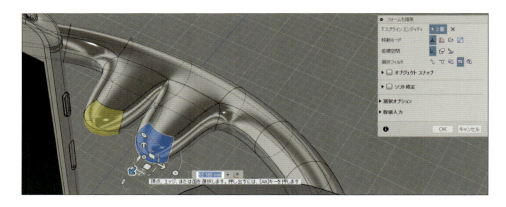

一方、両側の面を選択して押し出した場合は、下図のように一体となって押し出されます。
今回は、両側の面を選択して**Alt**を押しながら押し出しを行ってください。

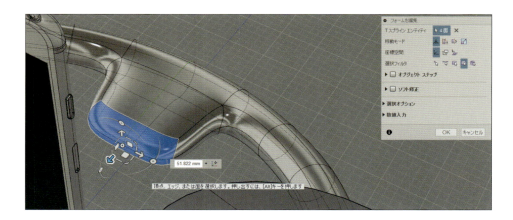

02 Alt+1でボックス表示にし、**ビューキューブ**の**上**を選択して上面ビューに切り替えます。
押し出した面をiPhoneのそばまで移動します。

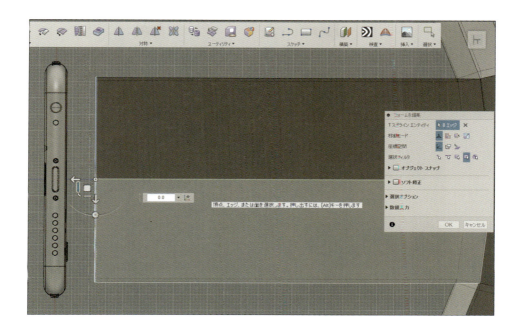

03 押し出した先端のエッジループを選択して、図のようにローテート(上向きに45度程度)します。ローテートが完了したら、先端の面を削除して穴の空いた状態にしておきます。

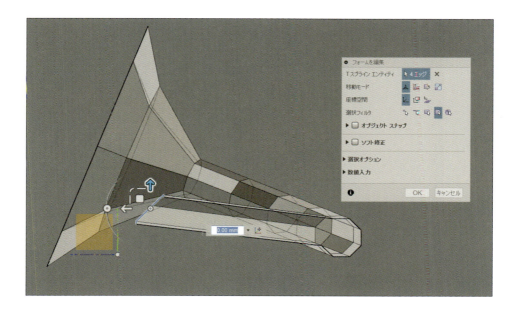

04 フィレット(角R)を作成します。
押し出したパイプの側面が凹まないように、図のエッジを外側に移動してフィレット(角R)を調整します。

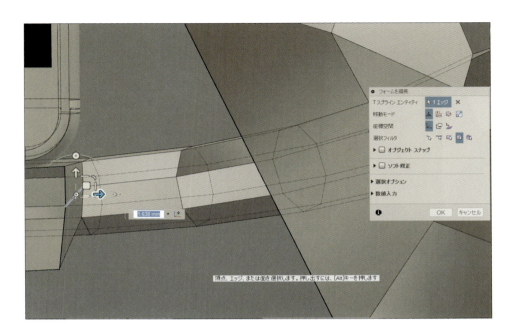

05 iPhoneを差し込むためのソケット部分を作成します。
45度にした先端のエッジループを選択してAltを押しながら上方に押し出します。

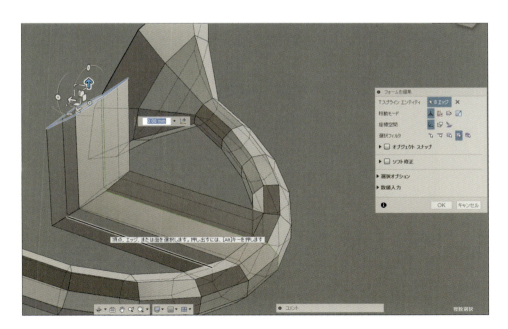

06 エッジを選択したまま上下方向のスケールをクリック＆ドラッグして差し込み口の角度を水平にします。マニピュレーターのウィンドウに00と入力っても水平にすることができます。

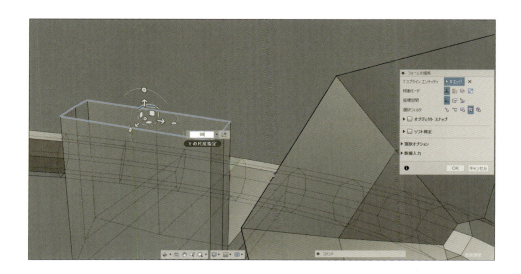

07 元のパイプとの結合部分（最初に押し出しを行った部分）のRを調整します。図のブルーのエッジループを選択し、右クリックからマーキングメニューを出してエッジを挿入でエッジを追加してRの大きさを調整します。

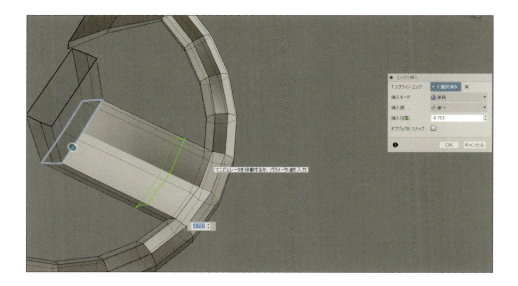

08 iPhoneが非表示になっている場合は、ブラウザでiPhoneを表示します。
差し込み口がiPhoneより狭いので側面の面を選択して外側に移動します。最終的に厚みを加えることも考慮して位置決めをしましょう。

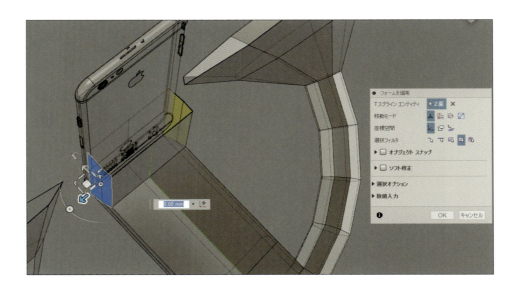

09 ビューキューブの上を選択して上面から見て微調整をします。

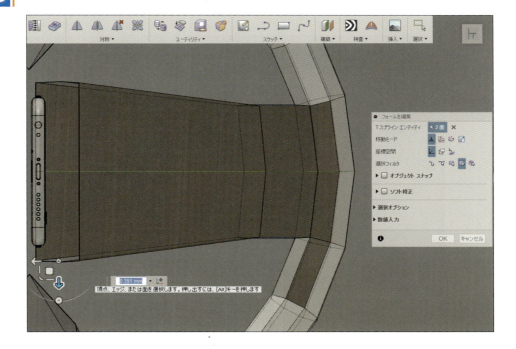

10 差し込み口上端のエッジループを選択して後方に移動し、図のように傾斜をつけます。

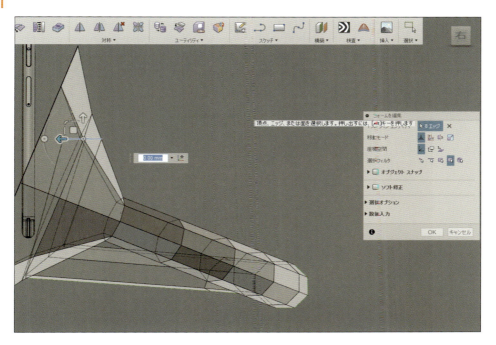

11 差し込み口の傾斜に合わせてiPhoneの角度を調整します。
ブラウザのiPhoneタブを選択して右クリックから**マーキングメニュー**を出し、**移動/コピー**を選択します。マニピュレーターの回転と移動で角度と位置を調整します。

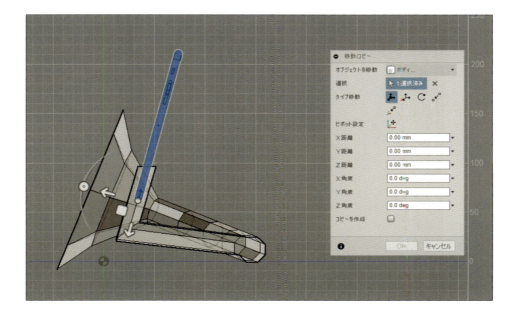

12 差し込み口を横から見ると、入口(上側)のほうが広がっていて平行になっていないことが確認できます。

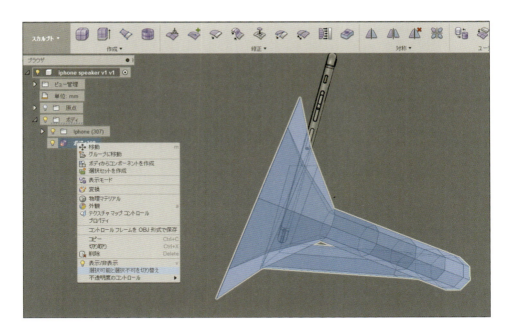

付け根のエッジ選択して、平行になるように調整(移動)します。

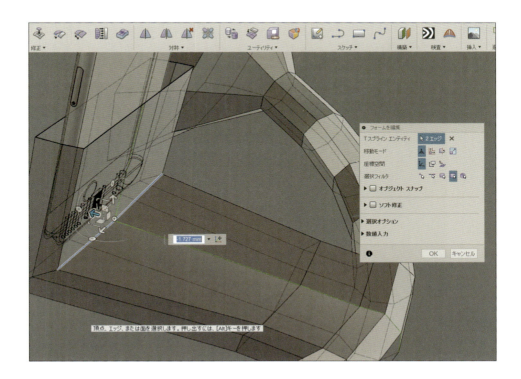

調整後の状態です。

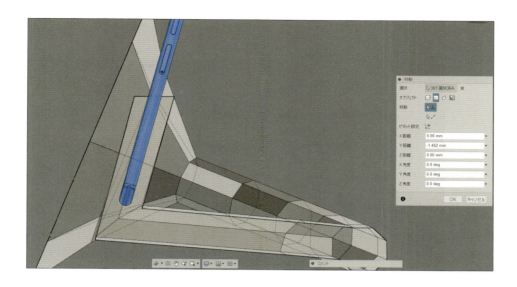

05-04 テンションの均一化

エッジを挿入した後にスムース表示すると、引っ張り合うテンションに偏りが出る場合があります。その時の修正方法について解説します。

 ボックス表示でエッジの位置を注目しておいてください。

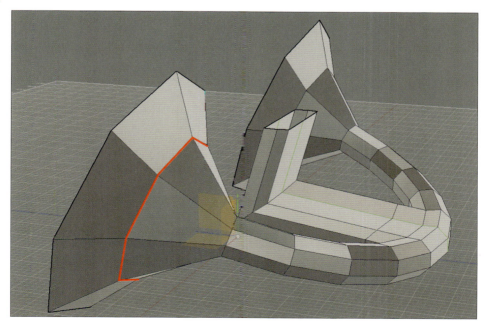

02 **Alt+3**でスムース表示にします。矢印のエッジの位置がSTEP 01と異なっているのがわかるでしょうか。この場合、ボックス表示の位置が正しく、スムース表示にした時にテンションの偏りが発生しています。テンションの偏りを開放してあげる必要があります。

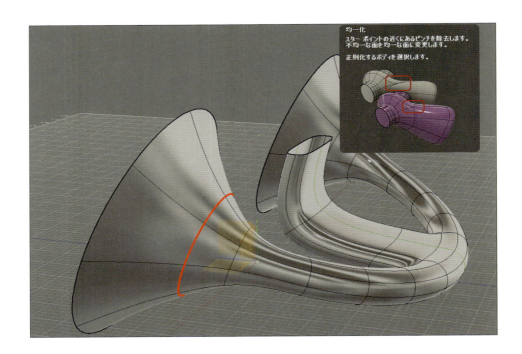

03 **ツールバー>ユーティリティ>均一化**でオブジェクトを選択して**OK**ボタンを押します。均一化を実行すると図のようにボックス表示時のエッジ位置とスムース表示時のエッジ位置が同じになるようにテンションを均一化してくれます。

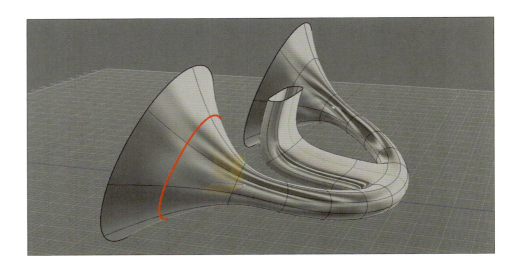

> **ヒント エッジの偏りと解消法**
> スカルプトモデリング中はボックス表示とスムース表示のエッジの間隔に注意しておきましょう。エッジの流れが偏ったり不自然になっている場合は均一化を実行してみましょう。

均一化を行ったことで、テンションの偏りがなくなりました。
ボックス表示にしても違和感はありません。

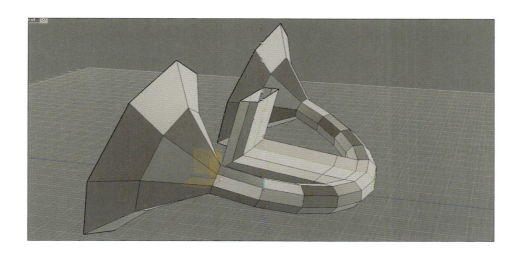

05-05 | 角Rの調整

アールの調整のポイントは2つあります。①ボックス表示でエッジを挿入してスムース表示で確認する（スムース表示状態でエッジを挿入すると狙ったところに入りません）。②アールの微妙な調整はスームース表示で行う。この2点を考慮して、実際に調整を行っていきましょう。

 ハンドリングしやすいようにオブジェクトを半分にします。
ツールバー＞対称＞均一化を選び、オブジェクトを選択して**OK**ボタンを押せば対称の制約が解除されます。

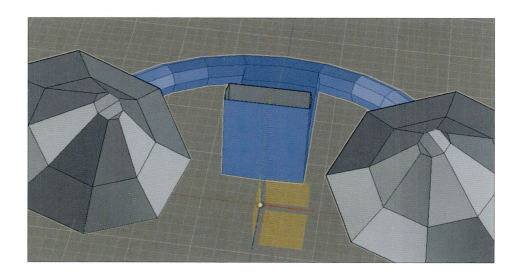

対称が解除されるとセンターエッジのグリーン表示が消えます。

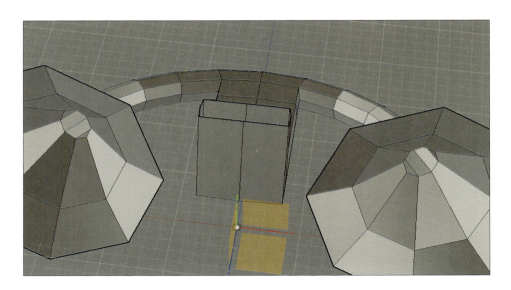

02 マウスカーソルを右から左にドラッグし、右側半分を選択して削除します。

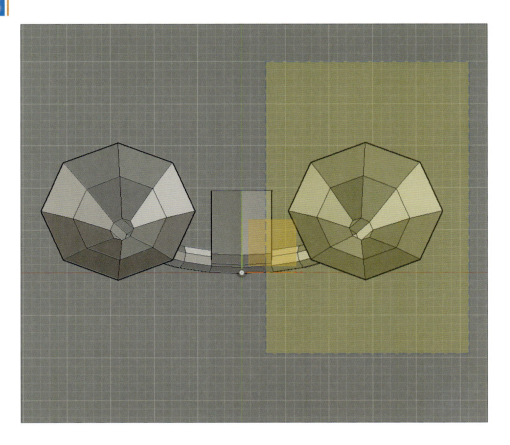

03 ボックス表示になっていない場合はボックス表示に切り替えます。
差し込み部分の根元のエッジを選択して右クリックから**マーキングメニュー**を出し、
エッジを挿入を選択します。図の位置（緑のライン）にエッジを挿入します。

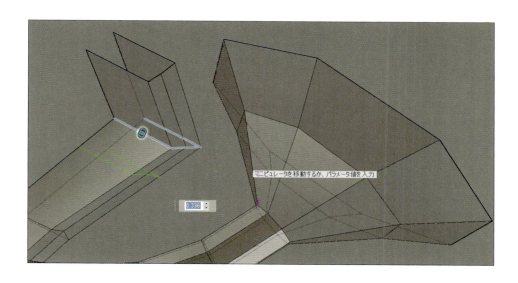

04 同じようにして、下図の位置にもエッジを挿入します。

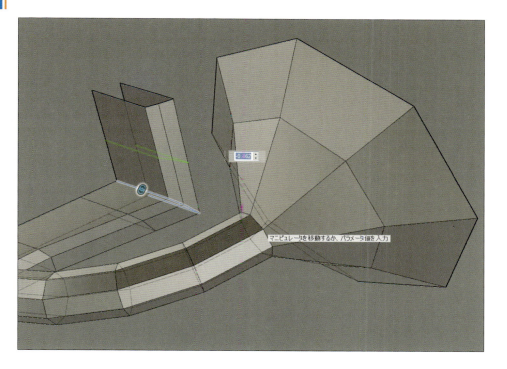

05 下図の青のエッジを選択して右クリックから**マーキングメニュー**を出し、**エッジを挿入**で適度な位置にエッジを挿入します。

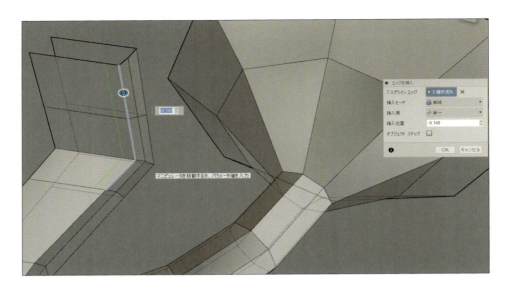

06 表側も同様にエッジを選択して右クリックから**マーキングメニュー**を出し、**エッジを挿入**で適度な位置にエッジを挿入します。

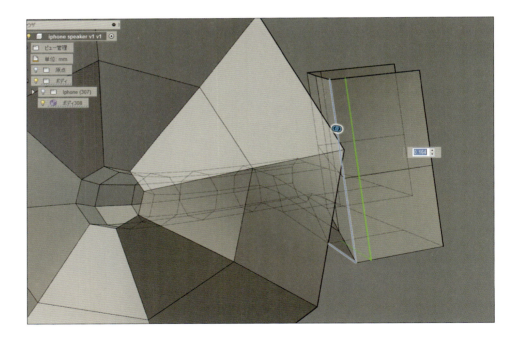

07 alt+3を押してスムース表示で角Rの大きさをチェックします。

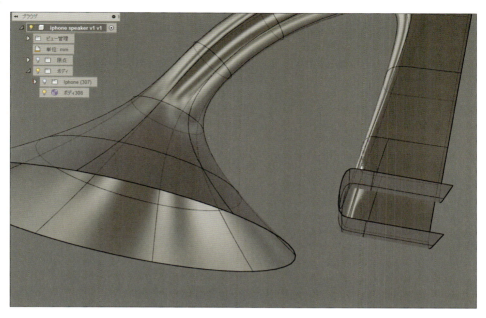

08 角Rの大きさを再調整したい場合は、挿入したエッジを選択して右クックし、**エッジをスライド**を選択します。エッジ上に表示されるカーソルをドラッグして大きさを調整します。

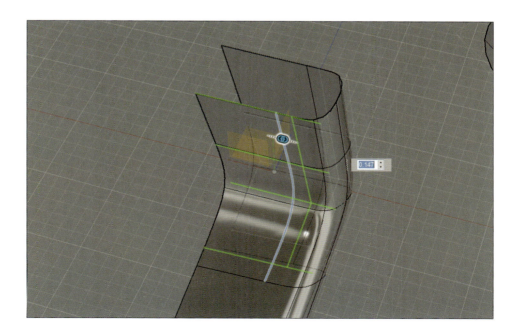

09 オブジェクトをシンメトリーに戻します。**ツールバー＞対称＞ミラー**で複製してからオブジェクトを選択し、**対称面**を選択したら**OK**ボタンを押します。

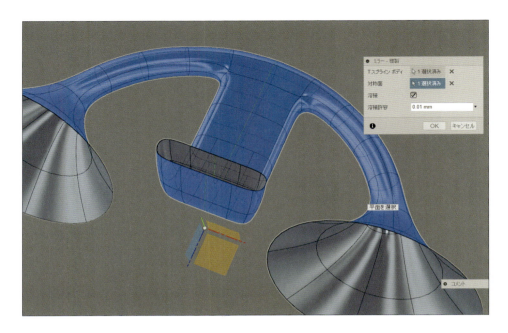

10 続けてオブジェクトの肉厚を作成します。オブジェクトを選択した状態で、**ツールバー＞修正＞厚み**を選択します。
内側に肉厚をつけるので**オプションウィンドウ**で**厚さ**：-3mmにします。**厚みのタイプ**はシャープのままで問題ありません。

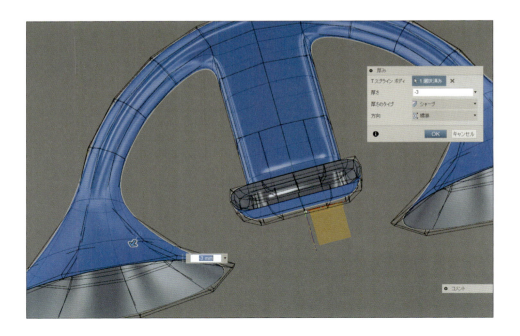

05-06 ディテールを作り込む

全体の形状が決定したところで、ワークスペースをスカルプトからモデルに切り替えて作業を行っていきます（ワークスペースの切り替えにより、モデルは自動でNURBS変換されます）。それでは、取り付けブラケットや構造部分をソリッドで作成していきましょう。

 ワークスペースをモデルモードを切り替えます。これにより、自動的にオブジェクトがNURBSに変換されます。

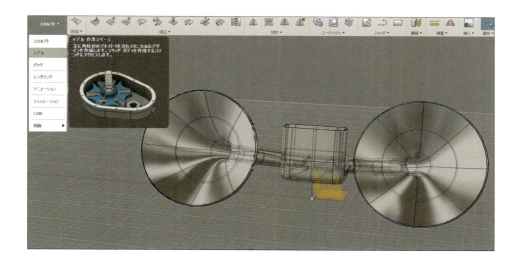

NURBSに変換されるとエッジの表示が変わりますが、エラーがあると変換できません。その場合、エラーは赤く表示されます。エラーになる原因としては、面が自己交差している場合が多々あります。ボックス表示にして交差がないか確認しましょう。

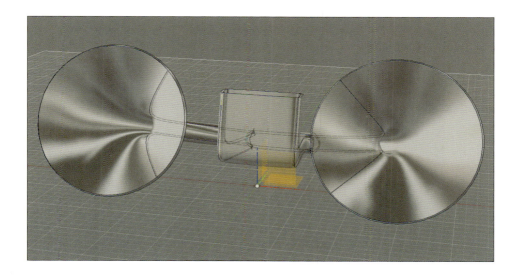

02 iPhoneをが表示されていない場合は表示します。
ホームボタンより上のボリュームが大きいのでカットしましょう。
ツールバー＞スケッチ＞線分を選択し、スケッチを描くプレーン面（黄色い面）を選択して図の位置に線を作成します。

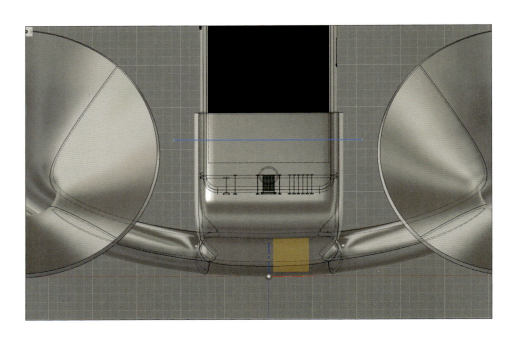

03 **ツールバー＞修正＞ボディを分割**を選び、**分割するボディ**、**分割ツール**を選択し、スケッチで作成した線を選択します。
分割ツールを拡張のチェックを外して**OK**ボタンを押します。

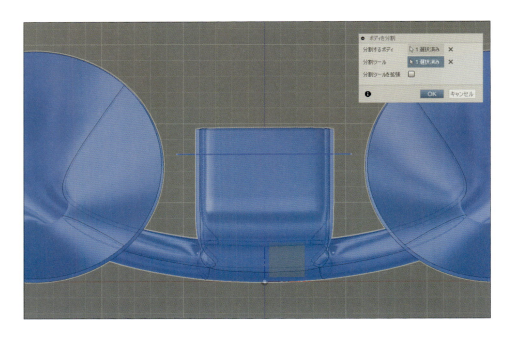

04 再度**ツールバー＞スケッチ＞線分**を選択して、iPhoneに対して垂直にラフな長方形を描きます。

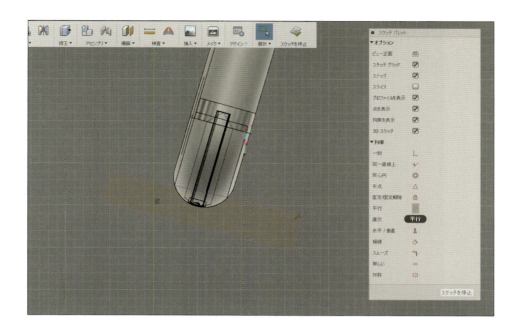

05 長方形の上の線を基準にオプション機能を使って下の線を平行に修正します。
スケッチパレットから平行を選択して上の線を選択し、続けて下の線を選択すると平行に修正されます。

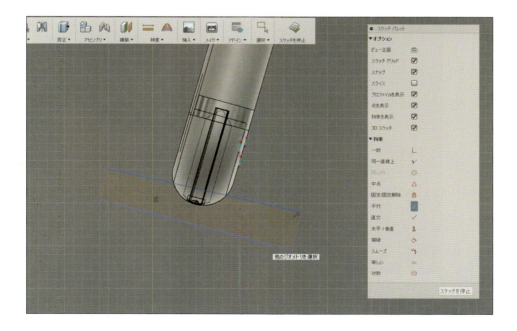

06 マーキングメニュー＞スケッチ＞スケッチ寸法を選択します。

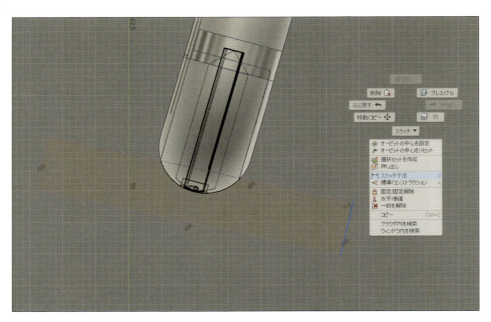

07 ツールバー＞スケッチ＞スケッチ寸法から縦のエッジを選択して、2mm幅に修正します。

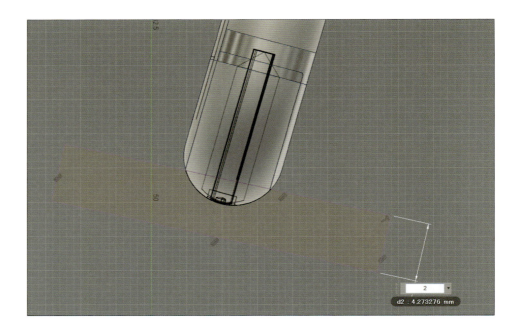

08 ツールバー＞修正＞**プレスプル**を選び、スケッチを選択します。押し出しの**オプションウィンドウ**の**方向**を対称、**操作**は結合を選択します。

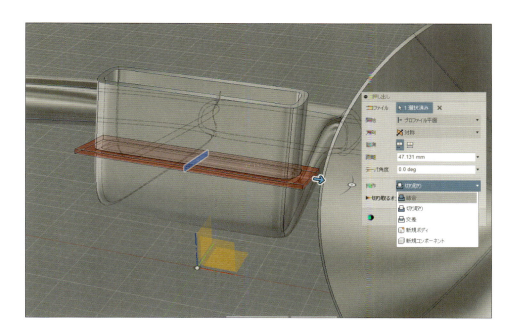

09 不要な部分を選択して削除します。

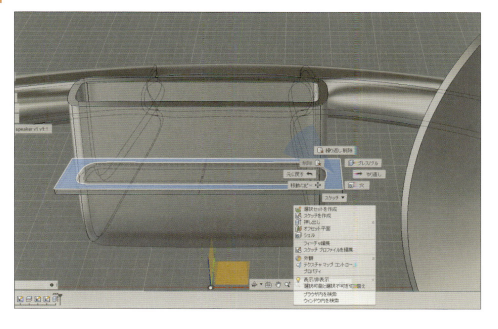

10 ツールバー＞検査＞断面解析を選択します。

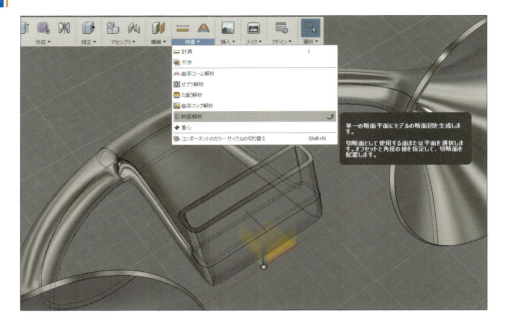

11 断面確認するとひとつのオブジェクトになっていることが確認できます。

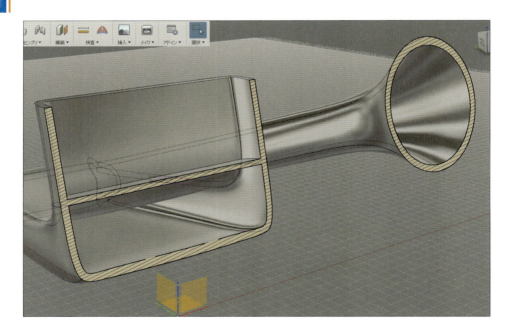

12 仕切り板の周りにフィレットRを作成します。
ツールバー＞修正＞フィレットを選び、フィレットをかけるエッジを選択してフィレットサイズを入力します。

05-07 ボディに穴を作成

スピーカーとオブジェクトの内部を加工する場合は断面機能を活用すると作業がスムーズに進みます。

01 iPhone6のスピーカーは底部の端に並んでいるので、差し込みソケット（仕切り板）の底部の同様の位置にも穴を作成する必要があります（適宜iPhoneを表示して穴の位置を確認してみてください）。
ツールバー＞スケッチ＞スロット＞スロット全体を選択します。

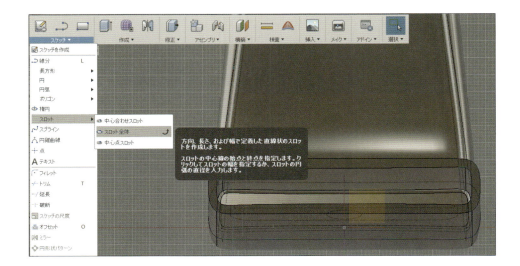

02 穴を開ける面の適当な位置で長手方向に点を作成します。

続けて、カーソルを上下に移動するとスロット形状ができます。

iPhoneを表示してスピーカーの位置を確認したら、スロット線上の白点を操作して穴のサイズ調整を行います（位置の調整は次のステップに記載しています）。

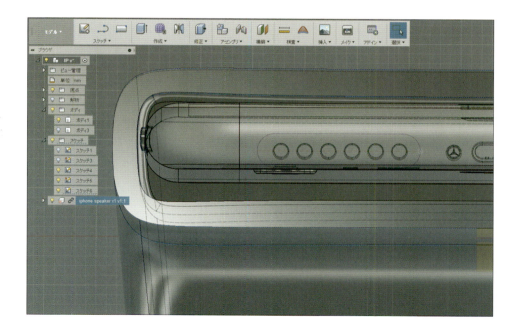

04 スロットをダブルクリックすると青色に変わり全体の移動が可能になります。スピーカーの位置に合わせて位置を調整します。

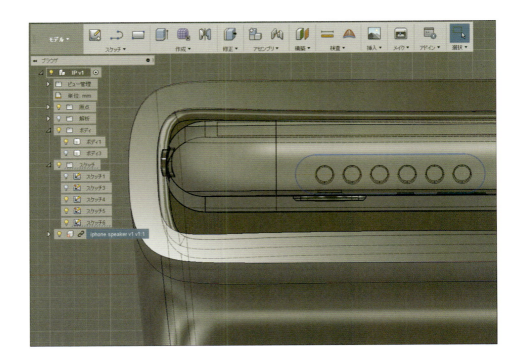

05 **ツールバー＞作成＞押し出し**を選択して、下方に押し出します。**オプションウィンドウの操作**は切り取りを選択します。

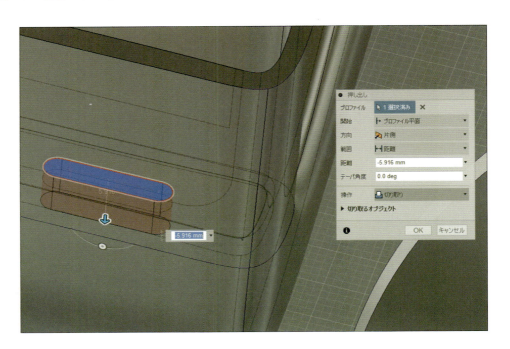

06 次にホームボタンの穴を作成していきます。
まずはホームボタンのスケッチを描くための作業面を作成するため、**ツールバー＞構築＞オフセット平面**を選択します。

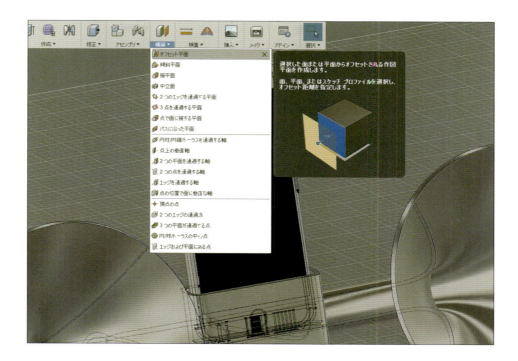

07 iPhone画面を選択し、オフセット面を図ようなの位置に作成します。

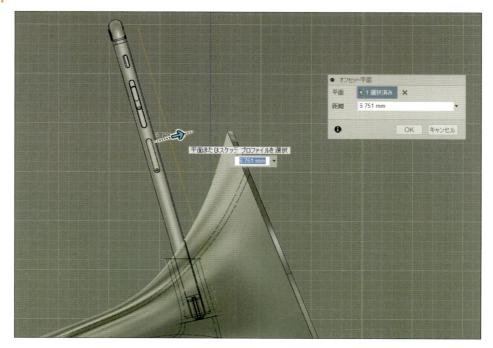

08 ツールバー＞スケッチ＞円＞**2点指定の円**を選び、直径上の2点を指定して、ホームボタンよりも少し大きめの円を作成します。

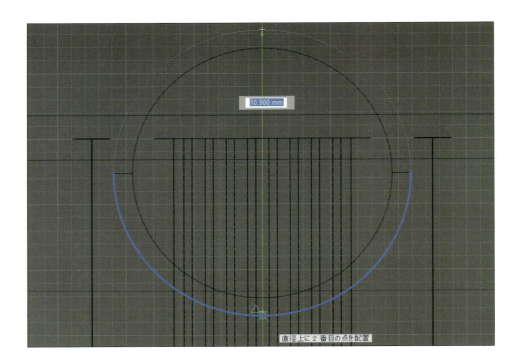

09 ツールバー＞スケッチ＞**オフセット**を選び、円をクリックすると赤いオフセット線が表示されます。ウィンドウでオフセットの位置を指定します。

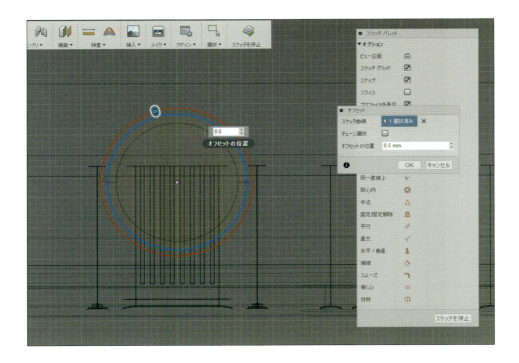

10 ツールバー＞作成＞**押し出し**を選択し、中側に押し出します。**オプションウィンドウ**の**操作**は切り取りに設定します。

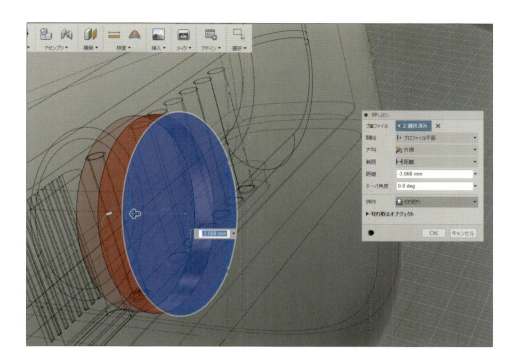

11 ツールバー＞検査＞**断面解析**を表示して、ホームボタン穴の断面を確認します。

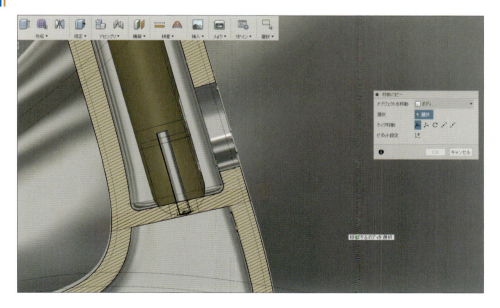

12 iPhoneと干渉している場合は、仕切り板のスケッチを選択して干渉しない位置まで移動します。なお、以前に実行した操作はヒストリーが効いているのですべてアップデートされています。

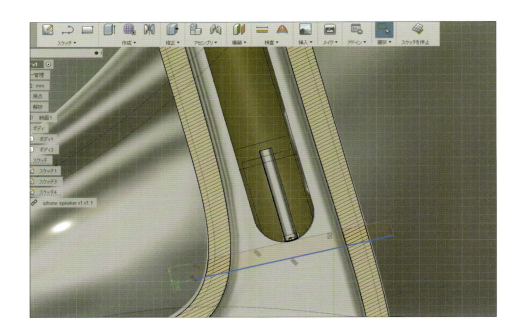

05-08 フィレット、C面の作成

微細アールを作成していきます。その際、細部を確認していくため、基本ボリュームに不具合を発見した場合は履歴を活用して適宜修正を行います（修正部分に関連する箇所の加工はすべてアップデートされます）。

01 ツールバー＞修正＞面取りを選択して、ホームボタン穴のエッジを選択します。

02 矢印をドラッグして押し込むか、ウィンドウにサイズを入力してC面を作成します。

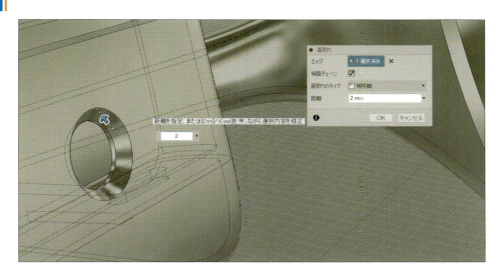

03 同じように**ツールバー＞修正＞面取り**を選択して、上端のエッジにもC面を作成します。

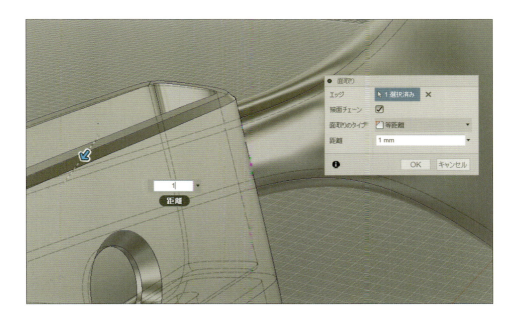

04 次に、差し込み口の内側にフィレットを作成しようと思いましたが、青で表示された面の幅が均一でないことに気がつきました。履歴を使って修正していきましょう。

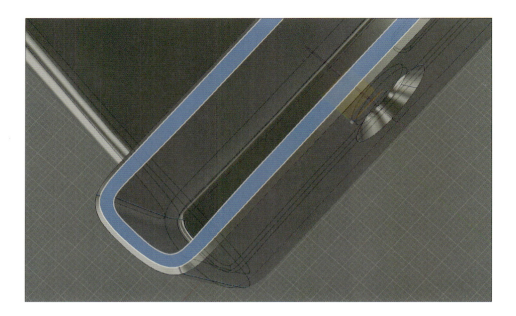

05 画面下に履歴が表示されています。基本ボリュームを作成したのは**スカルプト**なので履歴バーの**スカルプト**のアイコンをダブルクリックします。

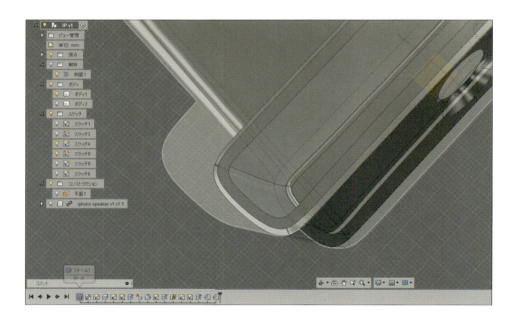

スカルプトモードに戻ったらボックス表示で不具合を確認します。内側のコーナーが食い込んでいるのがわかります。
エッジ選択して右クリックし、**マーキングメニュー**から**フォームを編集**で位置を調整します。

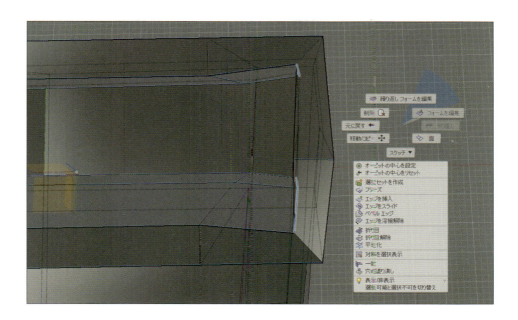

図のように均一の肉厚に修正します。

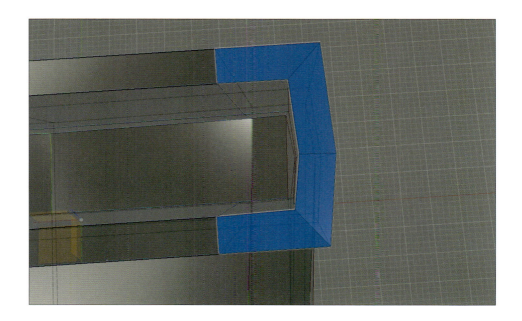

07 修正が完了したら**ワークスペース**を**スカルプト**から**モデル**に変更します。履歴を確認すると囲み枠で記したように最新位置になります。

08 フィレット作成に戻ります。
ツールバー＞修正＞フィレットを選び、エッジを選択します。

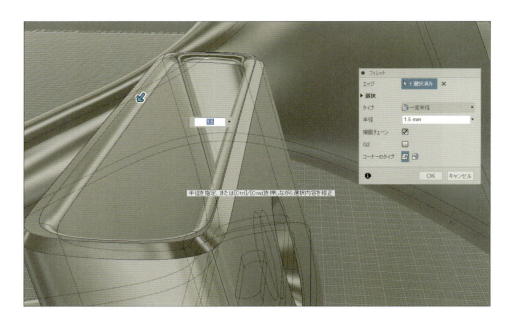

09 続けて、スピーカーの縁部分のフィレットを作成します。
ツールバー＞修正＞フィレットを選び、エッジを選択します。

10 **ツールバー＞検査＞断面解析**を表示して、フィレットの大きさを確認します。
形状に不具合がなければモデリングの終了です。

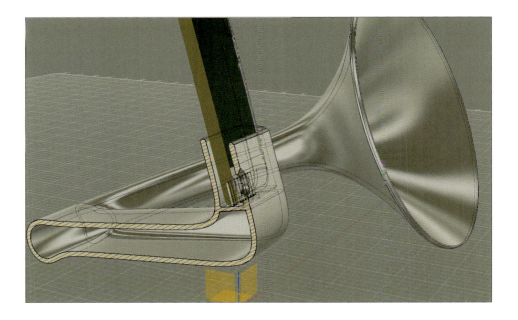

05-09 レンダリング

オブジェクトにマテリアルを割り当てするところからクラウドレンダリングまでのワークフローを解説します。

01 ワークスペースをモデルからレンダリングに切り替えます。
ツールバー＞外観を選択するとマテリアルが表示されます。ライブラリからマテリアルを選択してオブジェクトにドラッグ＆ドロップするとシェーダーが各オブジェクトに適宜マテリアルをアサインします。

02 ツールバー＞シーンの設定を選択します。
シーンの設定ウィンドウで環境の詳細設定を行います。

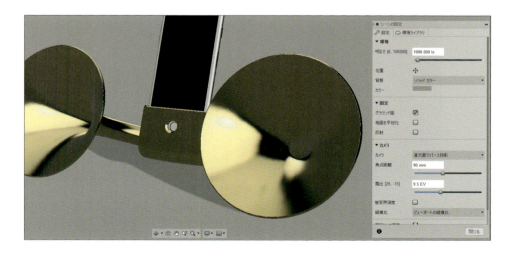

03 オプションウィンドウの環境ライブラリタブを選択すると現在の環境が表示されます。Fusion 360ライブラリの中から環境をダブルクリックして設定します。
図のように環境タブの右端に矢印が表示されているものは矢印をクリックして適宜ダウンロードする必要があります。

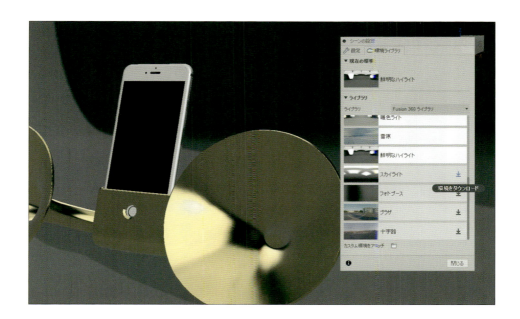

04 設定タブで背景>環境を選択すると環境が表示されます。背景色を調整するには、カラーをクリックしてカラーパレットを表示し、好みの色を選択してOKボタンを押します。

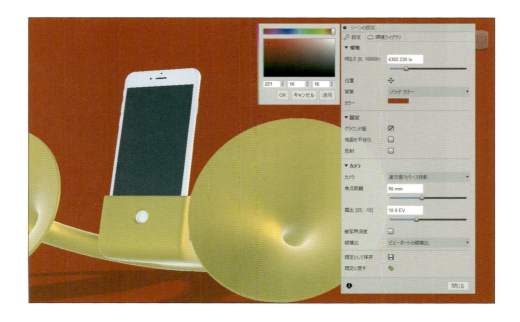

05 背景＞ソリッドカラーを選択すると背景をカスタマイズできます。

06 デフォルト以外の環境を設定したい場合はカスタム環境の置換（アタッチ）を選択して、お手持ちのHDRを選択し、開くでインポートします。

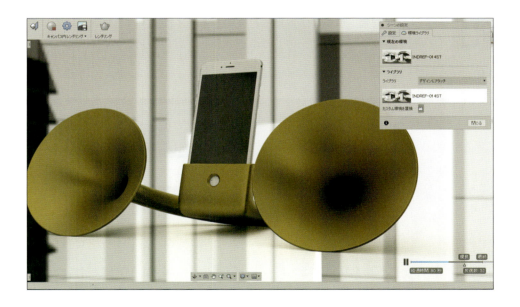

07 オプションウィンドウの**設定**タブの位置の**十字マーク**をクリックします。**回転**のバーをスライドすると環境が回転します。ライトは環境にセットされているので影の出る方向が変わります。

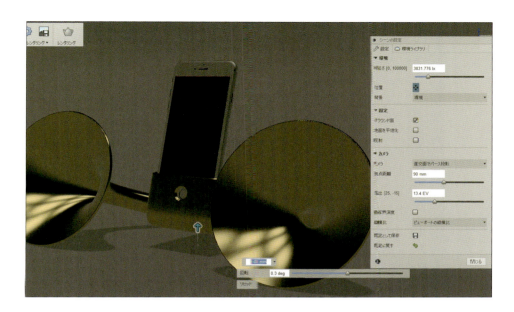

08 オブジェクトが浮いている場合は床の高さを画面にある矢印キーでコントロールしましょう。

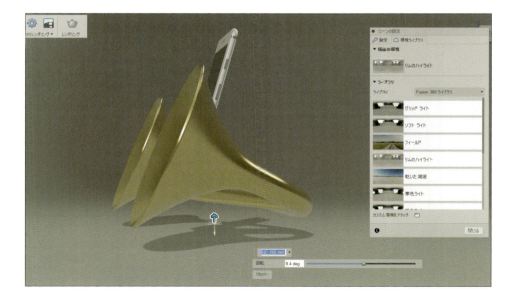

09 他の章でも解説したとおり、オブジェクトにアサインされたシェーダーは**このデザイン内**のウィンドウに表示されます。シェーダーをダブルクリックすることでオプションウィンドウが開き、**色味**や**尺度**、**回転**、**粗さ**といったテクスチャの調整が行えます。色々と試してみてください。

10 シェーダーの**オプションウィンドウ＞カラーライブラリ**を開くとPANTONEカラーのライブラリが開きます。モックアップの色指示などに活用できます。

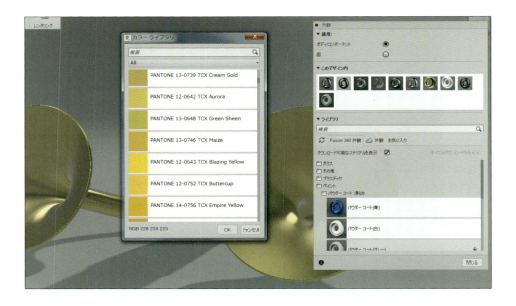

11 **ツールバー＞キャンバス内レンダリング**を選択するとレイトレーシングが始まり、映り込みを計算し始めます。図のように砂嵐状態になりますが、計算処理が終わると徐々に綺麗に表示されていきます。

レンダリング結果の保存は、**ツールバー＞イメージ**をキャプチャで行えます。

12 iPhoneの画面が黒のままでは少しさびしいので、画像を貼り付けましょう。
ツールバー＞デカールを選択します。画像を貼り付ける面を選択して、**オプションウィンドウ**のイメージを選択のアイコンをクリックします。次に貼り付ける画像を選択して、画像の位置をマニピュレーターで調整します。

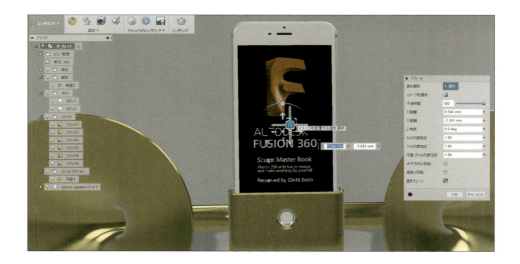

13 ツールバー＞レンダリングを選択して**画質、サイズ、フォーマット**を設定します。**クラウドレンダラ**か**ローカルレンダラ**を選択し、**レンダリング**をクリックして計算を始めます。

14 **レンダリングギャラリー**から**ダウンロード**を選択して保存先を指定します。

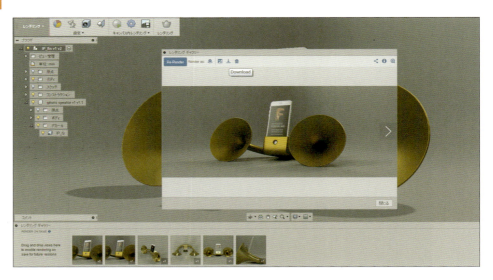

Chapter 06
EV Unicycle - Dragonfly

06-00 制作ポイント

デザインコンセプト

パワーユニットとなるプラットフォームを先にデザインして、その上にカスタムボディをデザインしていきます。
プラットフォーム＋自分のオリジナルデザインという組み合わせが気軽に楽しめるちょい乗りEVユニホイール。
今回は新しい技術とオーセンティクなバイクらしさを合わせて1輪カフェレーサーをデザインしました。トンボのような佇まいから**EV Unicycle - Dragonfly**と名づけました。
みなさんも是非、色々なボディのバリエーションをデザインして夢を膨らませてみてください。
近い将来こんなプラットフォームが発売されるかもしれません。

モデリングのポイント

デザインを考えながら形を決めていくので多少遠回りするような場面が出てきます。
デザインモデリングは現存するものをデータ化するのではなく、粘土で試行錯誤しながら最適な形を探し出していきます。
スカルプトはそのプロセスに最も適したツールのひとつです。点を一個ずつ動かすのではなく、新しい線を挿入して古い線を捨てる、スケールや移動を多用してモデリングしていきます。
ディテールはワークスペースをスカルプトからモデルやパッチに移して作り込んでいきます。

レンダリングのポイント

部品点数が多く、素材の種類も多岐にわたります。部品ごとにデータを管理することでレンダリングの工程もスムーズになります。

06-01 テンプレートのセットアップ

レイアウト用のリファレンス画像（下絵）を取り込み、シーンにセットするところから開始します。その後、タイヤサイズを基準に画像を実際のサイズに調整してグリッド上にレイアウトしていきます。その際、下絵にサイズの基準となる位置と寸法を明記しておくと設定がスムーズに行えます。

01 新規デザインを開き、**ツールバー＞フォームを作成**を選択してスカルプトモードに移ります。次に**ツールバー＞挿入＞下絵を挿入**を選択し、**ビューキューブの右**を選択したら、ビュー正面の黄色の作業平面をクリックして、**オプションウィンドウのイメージを選択**の横のアイコンをクリックします。最後に、挿入する画像を選択して開きます。
※画面ではマニピュレーターの色が違いますが、通常は緑が上に来ています。

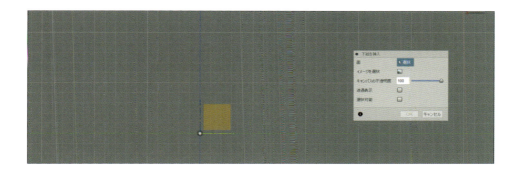

02 画像の挿入ができたら**オプションウィンドウのキャンバスの不透明度**のスライドバーを調整して、モデリングの邪魔にならないように少し透明にします。画像の向きが逆の場合は水平方向の反転、垂直の反転の砂時計アイコンをクリックして適宜調整します。
画像サイズと位置についてはこの後の手順で調整するので適当でかまいません。不透明度と向きの調整ができたらOKボタンを押して確定します。

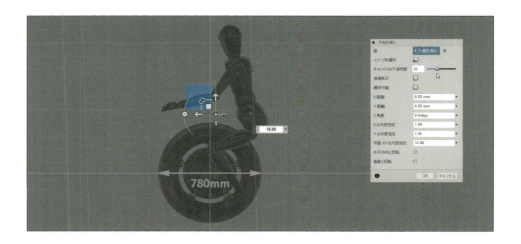

03 画像のサイズを調整します。

ブラウザからキャンバスタブの左側の三角印をクリックして下の階層を表示します。続けて、下絵のタブの上で右クリックして位置合わせを選択します。

04 タイヤの両サイドをクリックするとその間にウィンドウが表示されますので正規の寸法(ここでは780mm)を入力して、Enterキーで確定します。

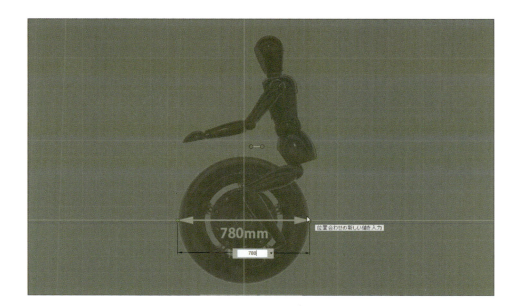

> **ヒント** 寸法を決める時のポイント
>
> あらかじめ下絵の画像に位置決めのポイントと寸法を表記しておくと便利です。自動車の場合はホイールセンター間(ホイールベース)を表記しておきます。

画像の位置合わせをします。

ブラウザから下絵タブを右クリックして**キャンバスの編集**を選択すると、再び**オプションウィンドウ**と**マニピュレーター**が表示されます。

マニピュレーターで移動操作を行い、レイアウトグリッドの原点とホイールのセンターを合わせます。

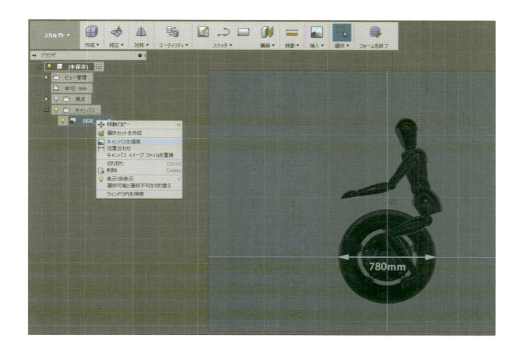

06-02 ホイールの基本ボリュームの作成

円形から均等に別ボリュームを押し出す場合、そのサイズを考慮してリムのエッジ数を設定する必要があります。一回で決めるのは難しいので何度か試しにテストしましょう。押し出すサイズ・数が決定したらエッジの割り数を計算します。そのエッジ数で新たに円柱を設定します。

01 リムの作成をしています。
ツールバー＞作成＞円柱を選び、オプションウィンドウで直径：580、直径の面：50、高さ：150と設定します。

02 リムに肉厚を付けるので、ツールバー＞修正＞厚みを選び、内側方向に8mmの厚みを作成します。

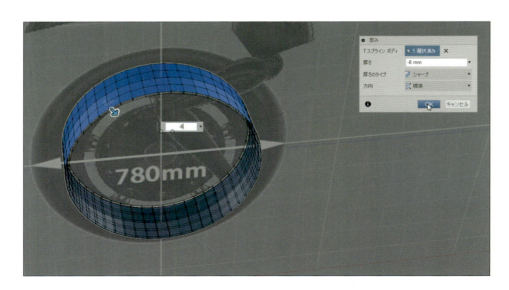

次にリムの断面を作成しますので、内側の一列を選択します。

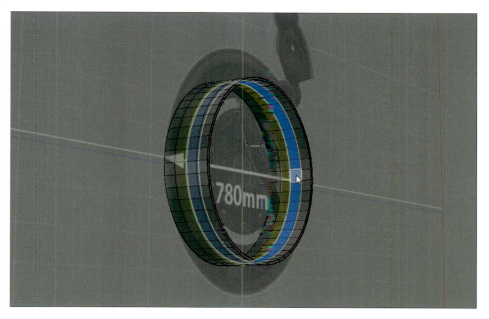

ビューキューブを右表示にしてセンター内側にスケールして断面を作成します。

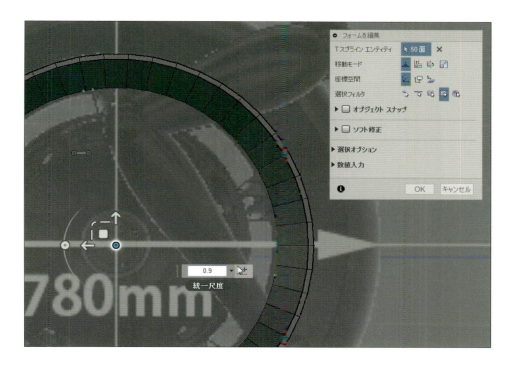

04 スポークを押し出すため、下図の青の面を選択します。その際、必ず対称線を跨いで両側を選択するようにしてください。

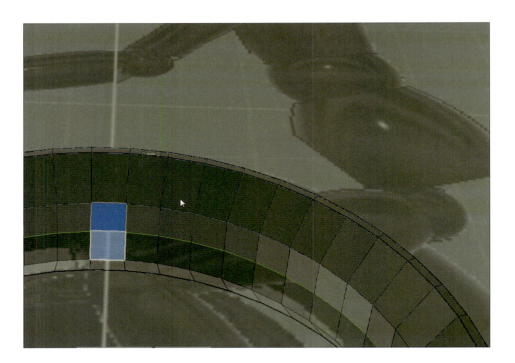

Altを押しながら下方向に少し押し出したら、一旦キーをリリースします。

さらに押し出しとリリースを繰り返して、下図のような状態にします。

05 押し出した下面のエッジを選択（シンメトリーが効いているので半分を選択）して**OK**ボタンを押します。
次に、右クリックしてメニューから折り目を選択してシャープエッジにします。右クリックでメニューが表示されない場合は、ツールバー＞修正＞折り目で選択してください。

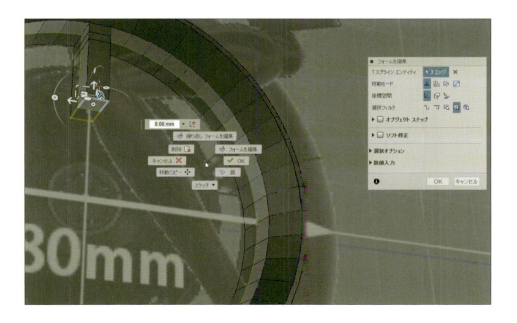

06 スポークを1ピース(7ブロック)だけ残して他を削除します。右から左に黄色エリアで選択すると良いです。

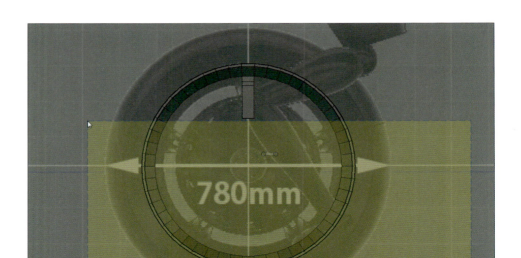

07 ツールバー＞対称＞円形 – 複製を選択します。次にオブジェクト(前のステップで残した1ピース)を選択して回転軸(X軸)を選択すると、図のように円周上に3つのピースが作成されます。

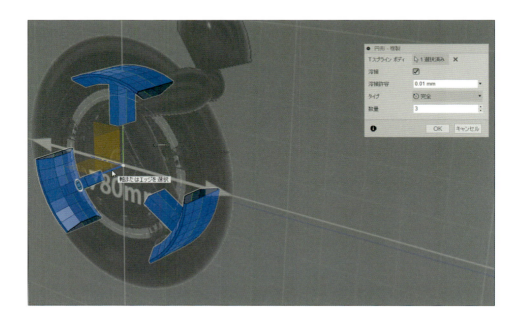

オプションウィンドウの数量のデフォルト値が3になっているため7に変更します。
これによりピースが7つに増え、ほぼ1周分をカバーできました。

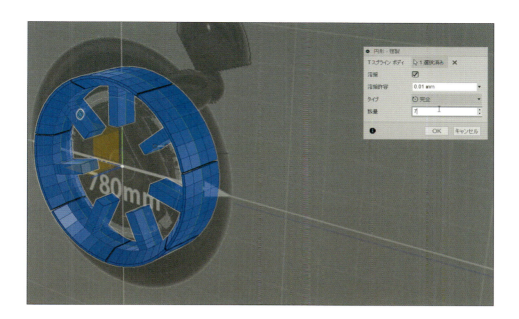

08 ピース間の隙間を結合します。
ツールバー＞修正＞エッジの結合を選択します。
次に、エッジを1本選択して**オプションウィンドウ**の**エッジグループ2**の右横のタブを選択し、残りのエッジを選択すると結合されます。

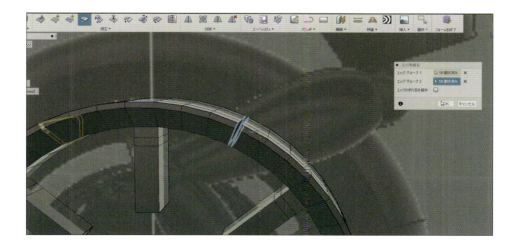

06-03 スポークのディテールの作成

全体のボリュームを見ながらデザインしたいのでミラー機能を活用します。1つのパーツの調整により他のパーツも連動するように設定しておくことで、全体を把握できスムーズにモデリングが進みます。

01 スポークの側面を選択して外側に移動します。今回は押し出し操作ではないので、**Alt**を押さないように注意しましょう（押し出し操作に慣れると、移動のときもついつい**Alt**を押してしまうことがあります）。

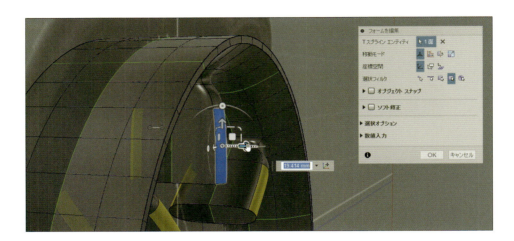

> **ヒント** ミラー編集
>
> ミラー編集は、**ツールバー＞対称＞ミラー – 内部**を選択し、**オプションウィンドウ**から対象となる面を選択して使用します。

02 側面のエッジを選択して右クリックし、**折り目**を選択します。他のスポークはシンメトリーが効いているので1つだけ指示すればよいです。

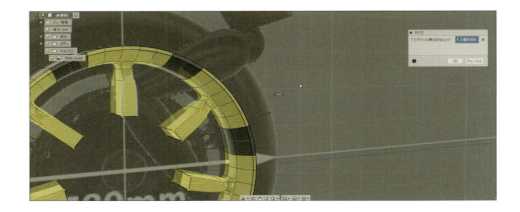

03 ツールバー＞対称＞ミラー - 内部を選択してスポークの両サイドの面を選択すると図のようにスポークがグリーンの対称象表示に変わります。

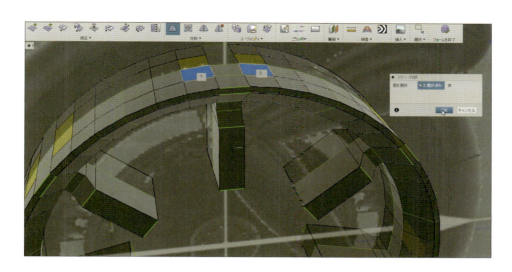

04 エッジの長さとアールの関係を含めて解説します。
左図はSTEP 02のカット面のエッジラインを表した画像ですが、②のラインが楕円形状になっているのが確認できます。
この状態から側面①の間にエッジループを1本挿入して面を2分割します。
エッジ挿入後の右図を見ると、エッジの挿入によって②のアールにかかるテンションが弱まったことで、アールが適切なサイズになっていることがわかります。このようにアールの大きさは面を割って調整していきます。目安としては、アールの始まる位置（アールエンド）にエッジを挿入します。

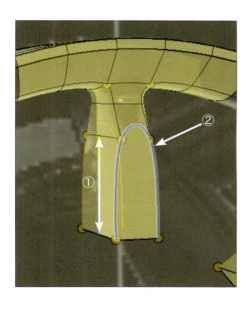
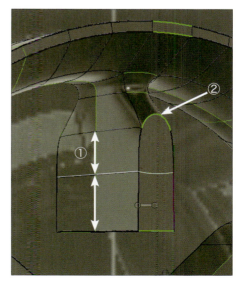

スポークはシメトリーになっているので側面を挿入点でつなげば一周エッジが通ります。

05 スムース表示で確認して、スポーク側面のエッジおよびアールが下図のように調整できていることを確認します。

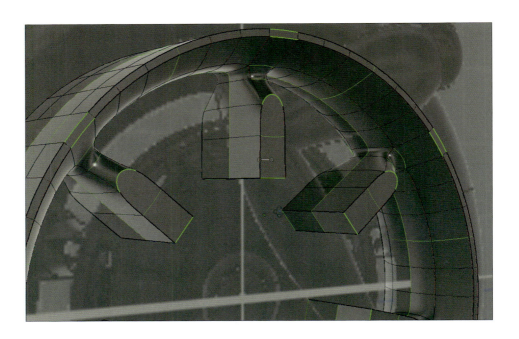

06 リムのアールを調整します。
下図のようにリムからスポークにかけて一周エッジを挿入します。

07 リムとスポークの完成です。**ホイール作成のポイントはスポークの数を考慮してリムの分割数を始めに決めることです。**
リムのエッジのピッチが均等でないとスムース表示時に綺麗な円形になりません。オペレーションに慣れてくれば作っては壊し、作っては壊しで最適解を発見できるようになります。

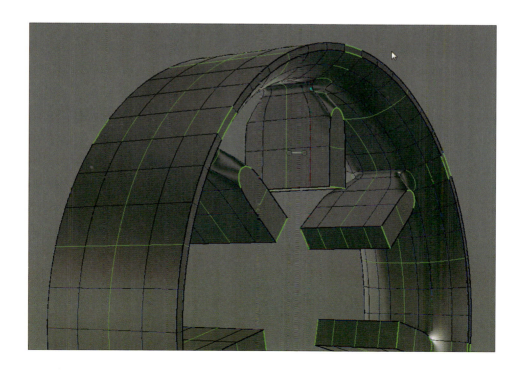

06-04 インホールモーターとホイールのクリアランス作成

ユニットをデザインしていきます。
モーターユニットとホイールが干渉しないようにボリュームを事前に逃がしておきます。後工程でスポークボリュームからクリアランスボリュームをカットします。

01 ツールバー＞作成＞円柱を選択して中心から円柱を作成します。

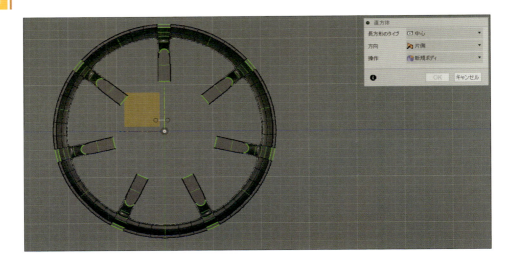

02 オプションウィンドウで円柱のサイズを設定します。
オプションウィンドウで直径：450mm、直径の面：16、高さ：50mm、高さの面：2、方向：対称、対称：ミラー、対称の高さにチェックしてOKボタンを押します。

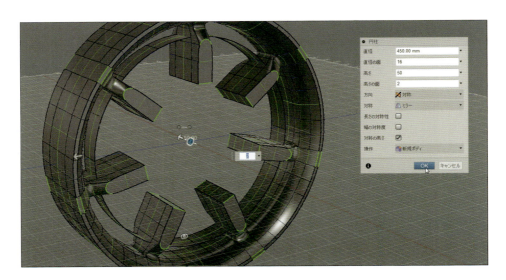

03 円柱のエッジをダブルクリックして全周を選択します。
Alt+マニピュレーターのセンタースケールで中央に押し出します。

04 下図のようにエッジを挿入します。

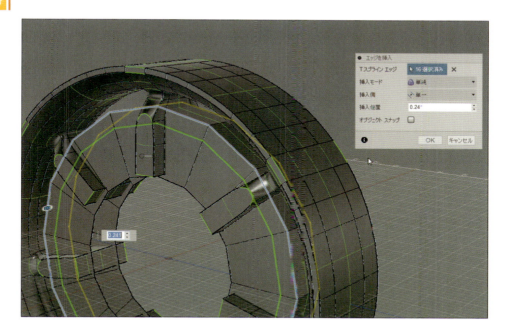

05 更にもう一本、STEP 04で挿入したエッジと稜線の間にエッジを挿入します。

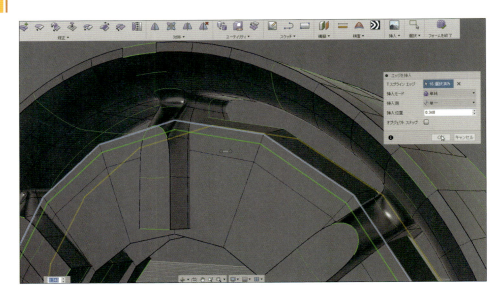

06 断面を作成します。
稜線のエッジを選択して右クリックし、削除を選択実行すると中央とSTEP 05で挿入したエッジ間でC面ができます。
このようにエッジを挿入して中間のエッジを間引くことによって面の角度を調整できます。

07 **エッジをスライド**を行います。
側面のエッジを選択し、右クリックメニューから**エッジをスライド**を選択して、面上の中心方向にエッジをスライド移動します。

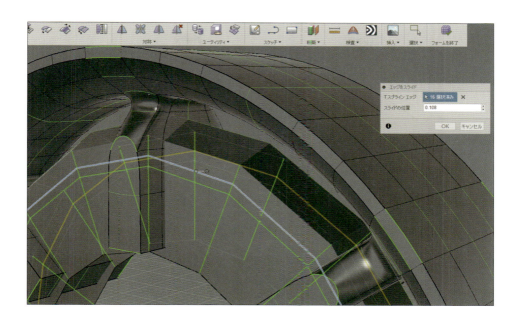

08 ここで一旦、**均一化**を行います。
スムース表示に切り替え、**ツールバー＞ユーティリティ＞均一化**でテンションの偏りを均一化します。

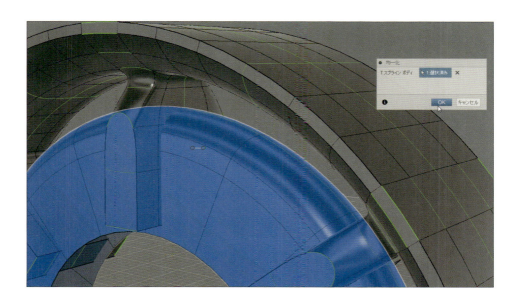

09 穴の塗り潰しを行います。
ツールバー＞修正＞穴の塗り潰しを選び、中心のエッジを選択します。
オプションウィンドウの穴の塗り潰しモードはスターを塗り潰しを選択します。

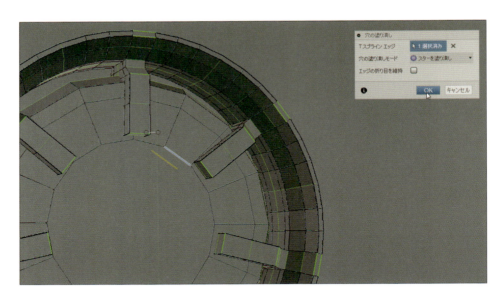

スムース表示で確認すると、下図のようになります。

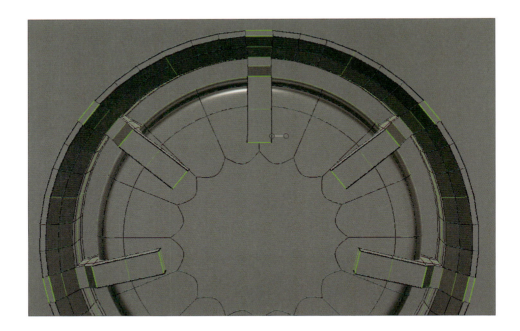

一旦、ここまでの作成したホイール部分をレンダリングしてみました。
図の様にバランスが取れていれば問題ありません。

06-05 タイヤの作成

タイヤはスケッチで断面を作り回転を行うだけで簡単に作成することができますが、ここではスカルプトに慣れるために別のアプローチを選択します。色々なコマンドを使用してタイヤを作成していきます。

01 ホイール部の青いエリアを選択し、コピー＆ペーストします。

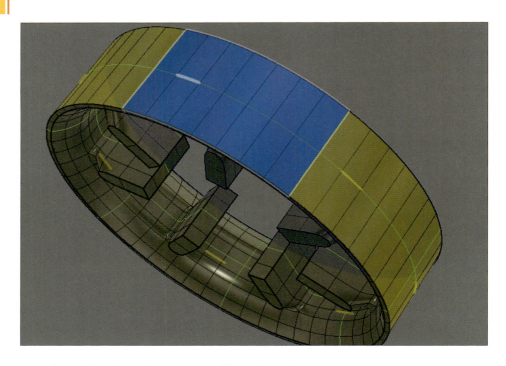

このピースが、タイヤとホイールの合わせ面になります。

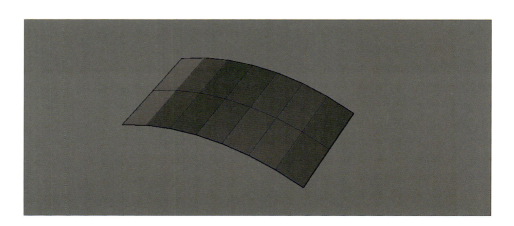

02 **ツールバー＞対称＞円形 – 複製**を選びます。前のステップで複製したオブジェクトを選択し、回転軸(X軸)を選択します。

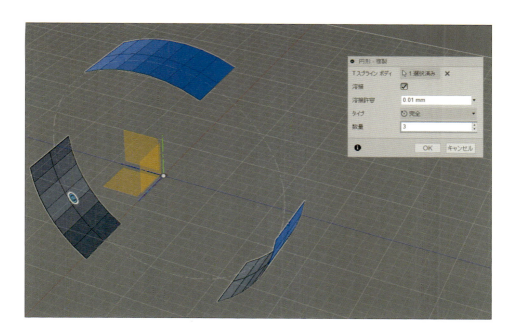

続けてオプションウィンドウの数量を7に変更し、OKボタンを押します。
タイヤとホイールの合わせ面の完成です。

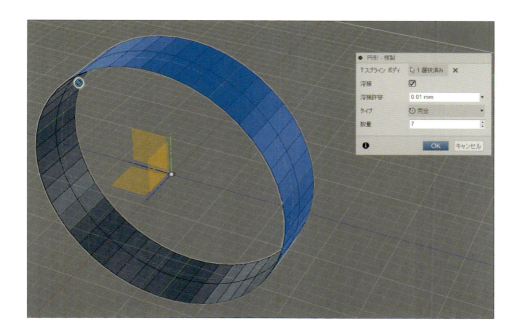

03 ツールバー＞対称＞ミラー – 内部を選び、対称線の両サイドの面を選択します。

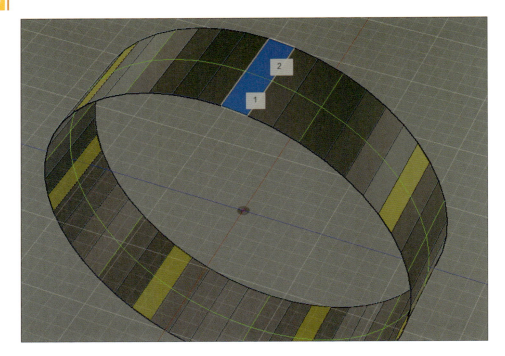

04 タイヤの側面を作成していきます。
下絵が非表示になっている場合は、ブラウザで下絵の電球アイコンをクリックして表示します。
合わせ面の外側のエッジをダブルクリックでループ選択します。**Alt＋**センタースケールでタイヤ外周まで押し出します。

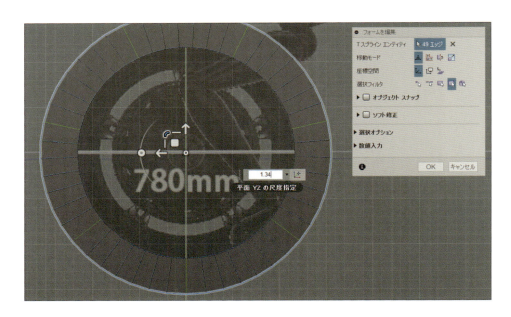

05 押し出したエッジをさらに奥側(対称線方向)に向かってもう1段階押し出します。

06 頂点を溶接します。
ツールバー＞修正＞頂点を溶接を選び、**オプションウィンドウ**の**溶接モード**を頂点から中点を選択します。
図のように対称線を挟んで左右の頂点を選択すると、中間点で結合されます。一列ずつ溶接を行っていきます。なお、**オプションウィンドウ**の**溶接モード**が頂点から頂点の場合は、最初に触った頂点が移動側となり、後の頂点の位置で結合されます。

07 スムース表示で確認します。チューブ形状ができ上がりました。

08 側面の断面を作成します。
ボックス表示に戻して、**エッジを挿入**で図のように側面に6本のエッジを挿入します。これらのエッジがタイヤ側面の凸凹を構成する山と谷になります。

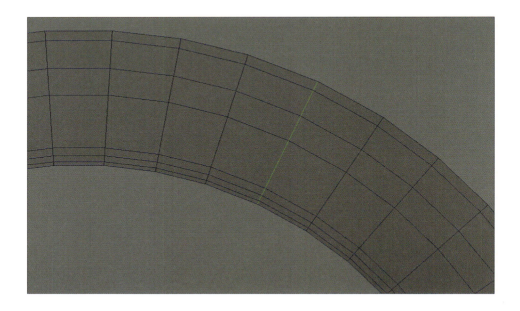

折り目の作成をします。
シャープエッジにする水色のエッジ4本を選択し、右クリックメニューから折り目を適用します。

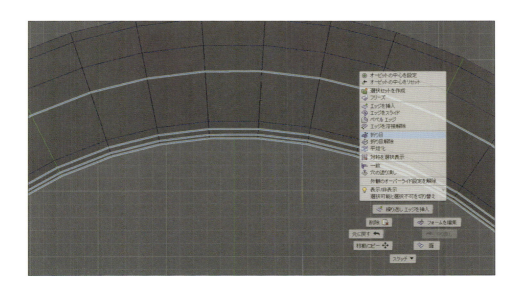

エッジの左右の移動だけでタイヤ断面を作成します。
ホイールに重なる部分のエッジを選択して、図のよう中側に移動します。

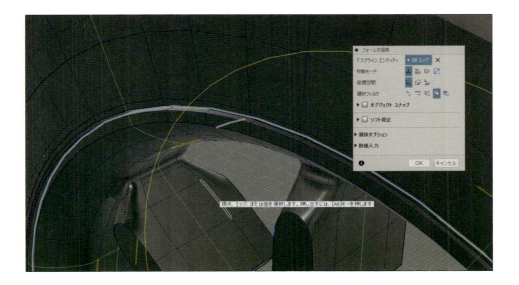

11 次にタイヤの接地面の形状を作成していきます。
図のようにエッジを外側から中側に移動していき、元のアールよりもきつい丸みを形成します。適宜スムース表示で確認しながら作業してください。

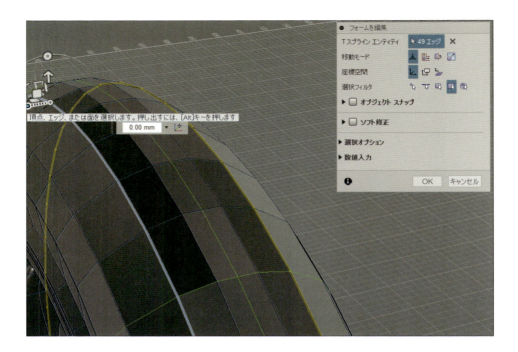

下図で選択された青のエッジを削除して間引きます。エッジの間隔ができるだけ均等になるようにしてください。均等間隔が一番綺麗にテンションがかかり、滑らかな曲面を表現することができます。

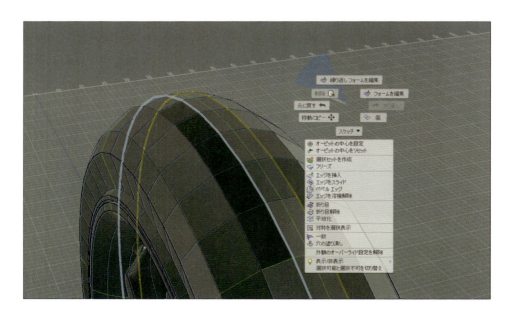

12 均一化を行います。

スムース表示にすると均等にテンションがかかっていない状態を確認できます。テンションの偏りをリリースする必要があります。**ツールバー＞ユーティリティ＞均一化**を選択し、オブジェクトを選択して**OK**ボタンを押します。

13 テンションの偏りがリリースできました。STEP 12の図と比較するとエッジ間が均等になっています。タイヤの完成です。

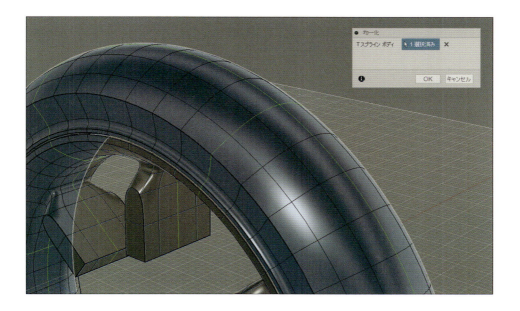

06-06 モーターユニットのボリューム作成

ユニット部は回転体になります。回転体の作り方はモデルモードで断面スケッチを描いて回転体をソリッドで作るのが手早いと思います。しかし、ここではスカルプトの回転体を使った方法で作成してみます。

ソリッドとTスプラインのでき上がりの大きな違いの1つにアールがあります。また、次のような特性があります。

- ソリッドの角Rはアプローチがない単一Rになる
- Tスプラインのほうはアプローチの入った複合Rになるので面の連続性が綺麗

自動車のデザインの意匠面のほとんどが複合Rによってデザインされています。部品の末端や、機械的な部分は単一Rをかけています。

ソリッドモデリングとスカルプトは全く異なるワークフローになります。本書はスカルプトにフォーカスしていますのでそのワークフローを紹介します。

01 まずは回転体の断面を描くグリッド平面を作成します。
ツールバー＞作成＞平面を選び、**オプションウィンドウ**で**長さ**：220、**長さの面**：20、**幅**：400、**幅の面**：40にして**OK**ボタンを押します。

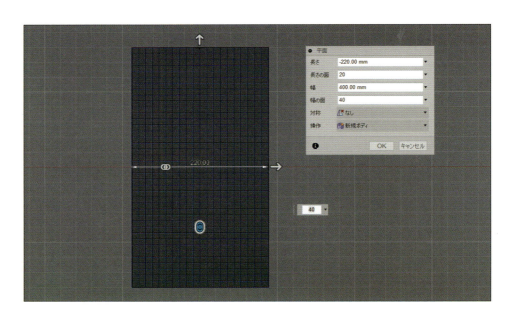

02 上から11列目までを残し、下側をすべて削除します。これがユニット断面を描くグリッドになります。

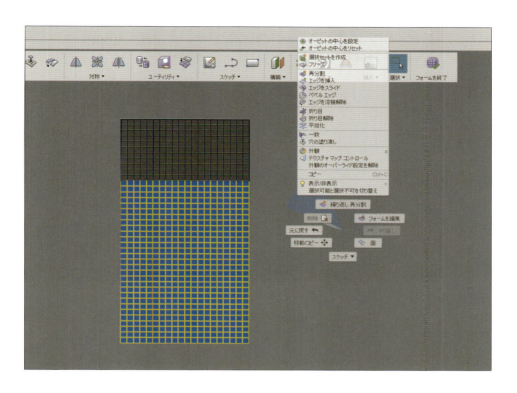

03 再分割をします。
ツールバー＞修正＞再分割を選び、面全体を選択します。

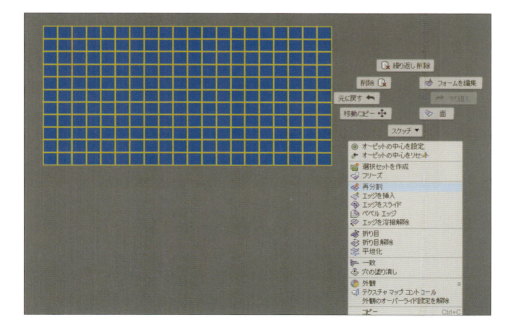

再分割を実行すると下図のように1フェースが1/4に分割されます。
このグリッド上に断面を描いていきます。

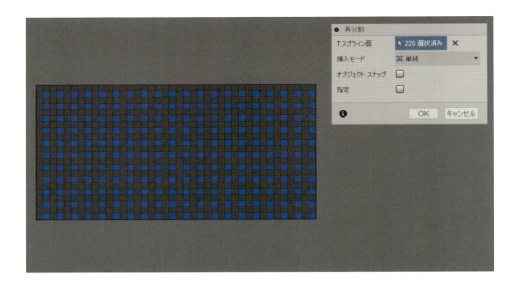

04 ツールバー＞対称＞ミラー − 内部を選び、対になる左右の面を選択してシンメトリーを設定します。

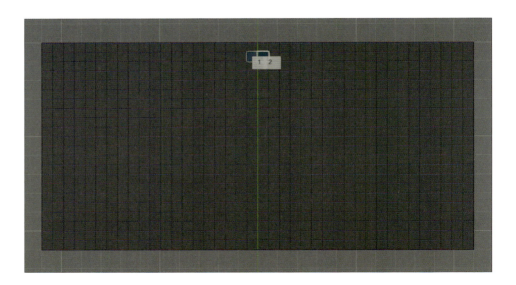

05 **ツールバー＞スケッチ＞スケッチを作成**を選び、断面の交点をトレースしていきます。
升目の数を見ながら断面を作成してください。

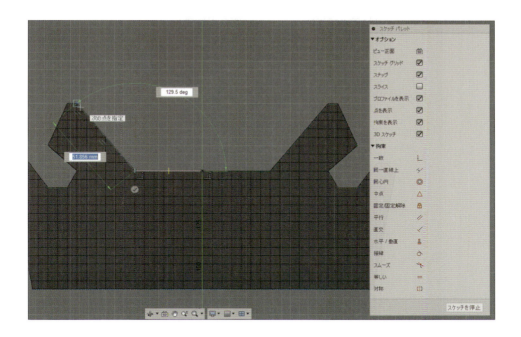

06 断面のスケッチができたら、グリッド平面を非表示にします。

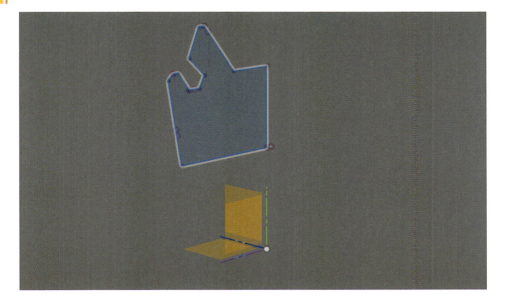

07 ツールバー＞作成＞回転を選び、オプションウィンドウでプロファイルと軸を選択、面を16分割してOKボタンを押します。

08 内側の面を選択して削除します。

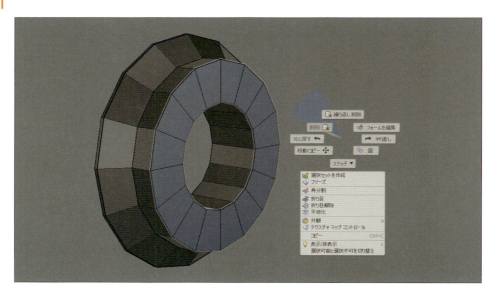

09 **ツールバー＞対称＞ミラー – 複製**を選び、**オプションウィンドウ**から**Tスプラインボディ**と**対称面**を選択して**OK**ボタンを押します。

スカルプトモデリングのポイントは、まずこのようなシンプルなボリュームを作り、そこからエッジを挿入しながら面の表情やディテール作り込んでいきます。

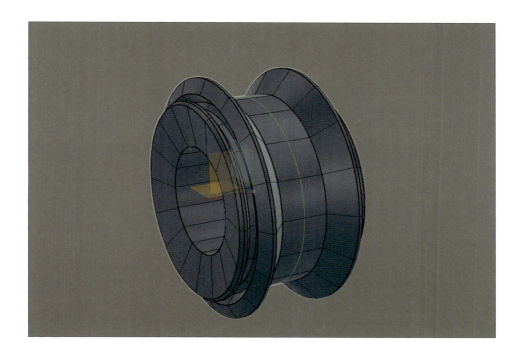

06-07 モーターユニットのディテール作成

基本ボリュームが決まったら、エッジを挿入してアールや面の丸みなどのニュアンスの部分を作り込んでいきます。

01 折り目解除を行います。
回転体の稜線は折り目状態になっています。図のエッジを選択して右クリックし、**折り目解除**を選択したら**OK**ボタンを押します。

02 エッジを選択して**ツールバー＞修正＞ベベルエッジ**を選び、適当な大きさで**OK**ボタンを押します。

スカルプトでの角Rを作成する方法は2つあります。①角線の両サイド（Rの大きさ）にエッジを挿入する方法と、②ベベルのように角線を面取りする方法です。ベベルは一旦C面を作成してしまうとエッジが2本になるので後の修正に手間がかかります。通常はエッジを挿入してRの大きさを決めたほうが良いです。修正する場合は挿入したエッジを削除すれば元の形状に戻せます。

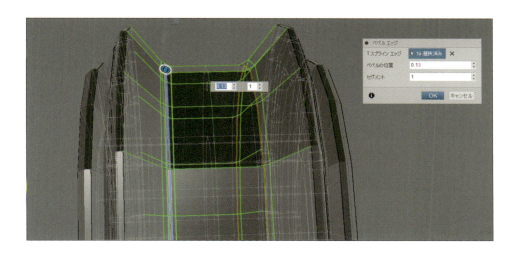

03 スムース表示にすると図のようになります。
STEP 02で作成したベベルの幅よりRが小さくなっており、不均一なテンションになっています。

04 ツールバー＞ユーティリティ＞均一化でテンションの偏りをリリースして均一にします。

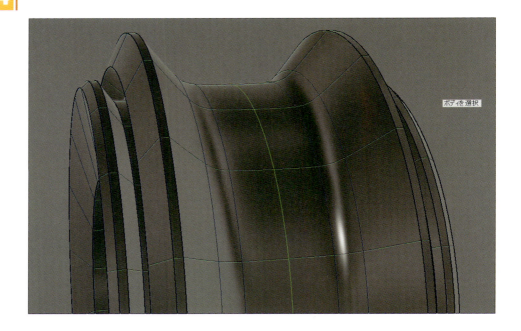

05 下図で選択しているエッジの折り目を解除します。エッジを選択して右クリックし、**折り目解除**を選択して**OK**ボタンを押します。

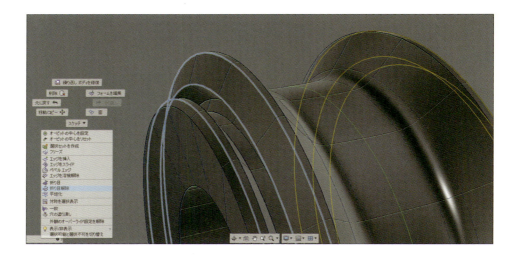

06 水色の稜線を選択して右クリックし、**エッジを挿入**を選びます。**オプションウィンドウ**の**挿入位置**：0.5を入力して**OK**ボタンを押します。

07 エッジを両サイドに挿入します。
STEP06で挿入したエッジを選択して右クリックし、**エッジを挿入**を選びます。**オプションウィンドウ**の**挿入側**：両方を選択、**挿入位置**：0.2を入力して**OK**ボタンを押します。

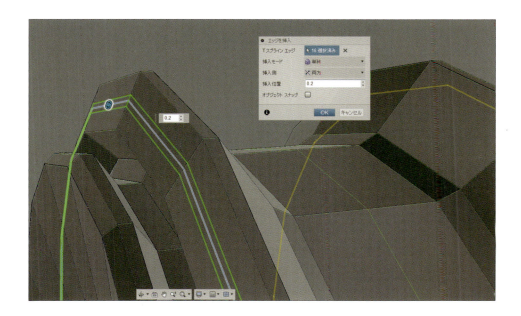

08 折り目を入れます。
図の3本のエッジを選択して右クリックし、**折り目**を選択して**OK**ボタンを押します。

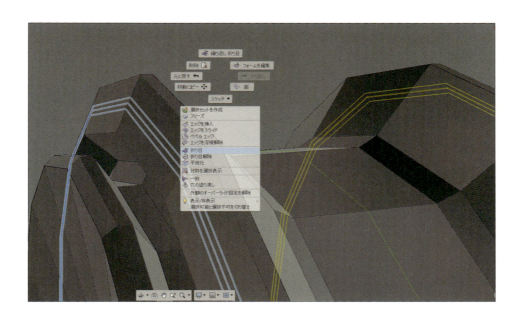

09 3本の中央のエッジを選択して右クリックし、**フォームを編集**を選択します。

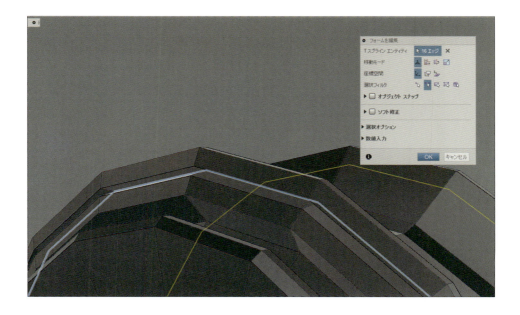

10 次に、中側に移動してV溝を作成していきます。
図のように中心部から外側に1本エッジを挿入して**折り目**にします。中央のエッジは**折り目解除**します。

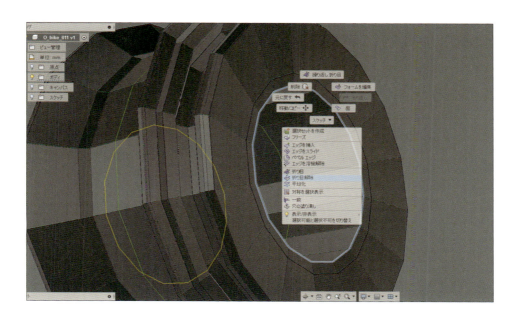

11 図のように円柱内面の外寄りに2本のエッジを挿入します。

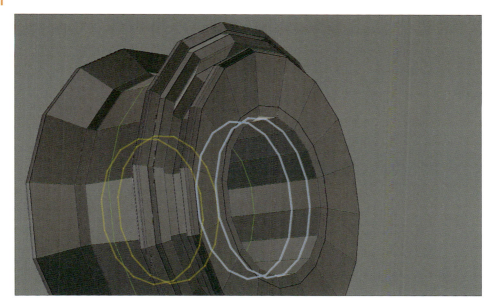

12 下図のように円柱内側の縁のエッジを外に向かって少し移動します。

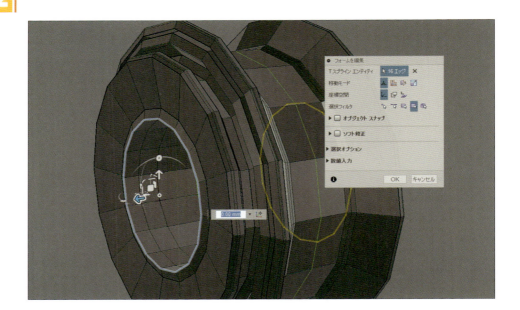

13 モーターユニットの完成です。
ポイントとしては挿入したエッジは基本的に左右方向だけで調整するようにし、規則性を崩さないことが重要です。

06-08 冷却フィンの作成

メカニカルなディテールとして冷却フィンを作成していきます。作業平面を使ってフィンのアウトラインを作成してそれを押し出す作り方になります。

01 作業平面の作成からはじめます。
まずモーター部を表示し、**ツールバー＞スケッチ＞長方形＞中心の長方形**を選択します。

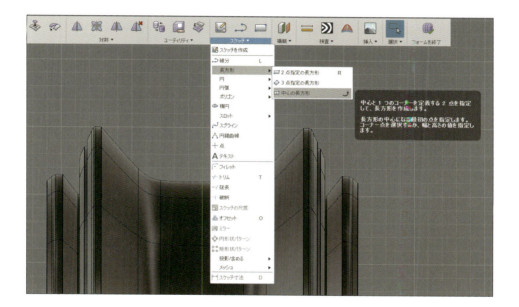

02 **ビューキューブ**の**前**を選択し、下図のようにモーター上部中央にズームインします。

03 上部中央の頂点にスナップしたら、1回クリックして次にドラッグします。
長方形のサイズ決定中に**Tab**キーを押し、横幅の入力ウィンドウに120を入力したら、もう一度**Tab**キーを押して今度は縦幅のウィンドウに95を入力します。図のように入力できたら**Enter**キーを押して作業平面を作成します。

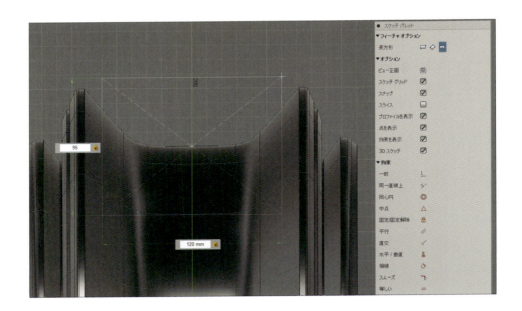

04 次にフィンのアウトラインを作成していきます。
ツールバー＞スケッチ＞線分を選択します。

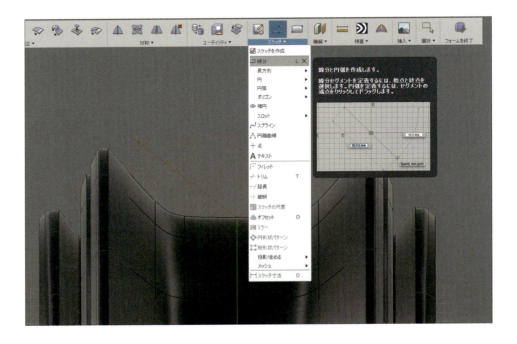

05 **ツールバー＞スケッチ＞線分**を選び、作業平面を選択します。次に、中心線から5マスのところからスタートし、斜め下方向にカーソルを動かすと寸法入力のウィンドウが表示されます。線の長さ：60、角度：130度に設定すると、作業平面上に線が作成されます。

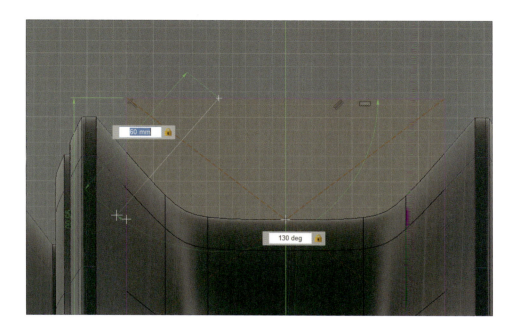

06 同じ手順で図のようにアウトラインを完成させます。

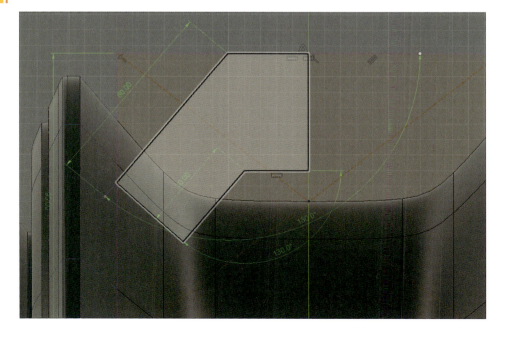

07 フィンの押し出しを行います。
ツールバー＞作成＞押し出しを選択します。**オプションウィンドウ**設定は**面**：1、**距離**：3mm、**方向**：対称、**対称を埋め込み**と**エッジの折り目を維持**にチェックを入れ、**OK**ボタンを押します。

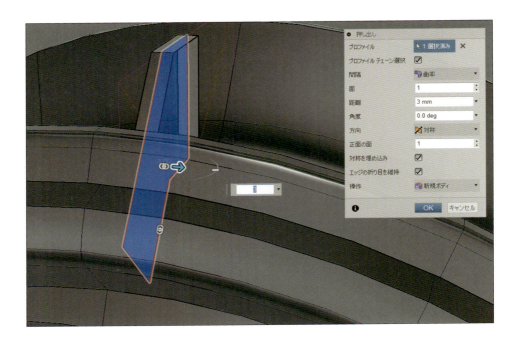

08 図の面を削除します。

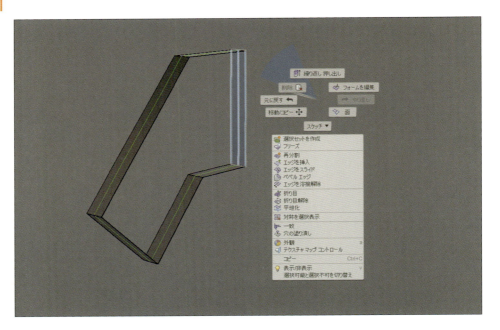

09 次に面張りの作業になりますが、ここではブリッジとは別の面張りツールを使います。
ツールバー＞作成＞面を選択します。

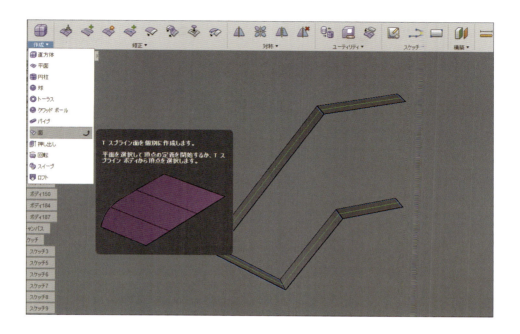

10 頂点を順番にクリックしていきます。4点目をクリックしたところで面が張られます。**オプションウィンドウ**の**側面の数**を5角形のアイコンに変更すると、5点目以降も続けて面を張れるようになります。

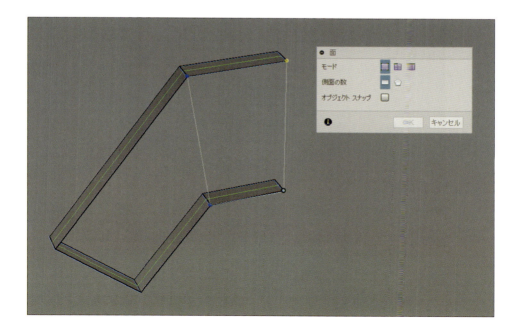

11 STEP09、STEP10と同様の手順で面を張ります。

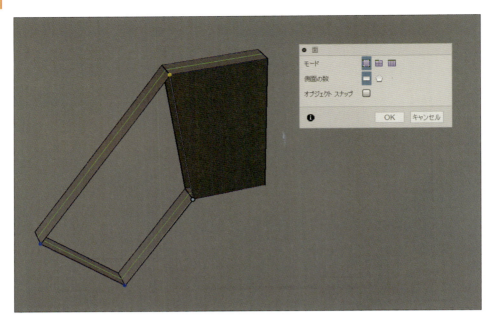

12 スムース表示に切り替えます。図で水色のエッジを選択して右クリックし、**折り目解除**を適用します。

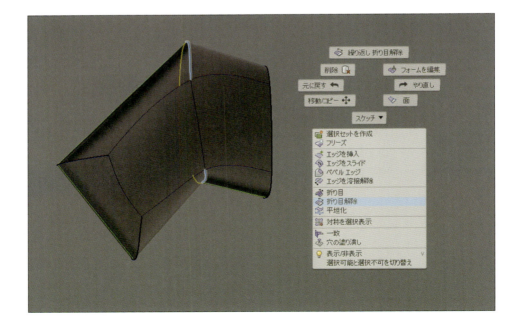

13 次に下図で水色のエッジを選択して右クリックし、**折り目**を作成します。

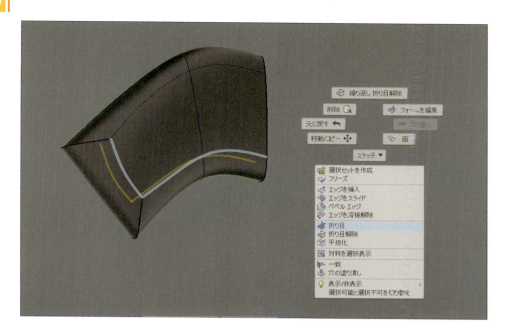

14 フィンのボリュームの完成です。
ここからディテールの作成に入っていきます。

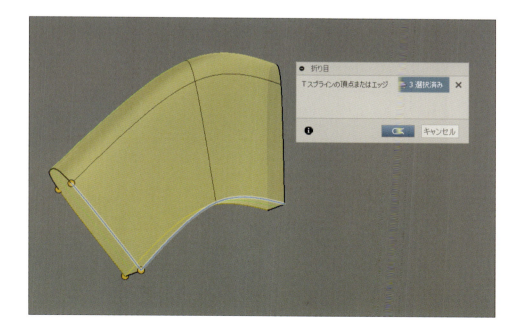

15 図のエッジを選択して右クリックし、**エッジを挿入**を選びます。
両側の適度な位置にエッジを挿入します。

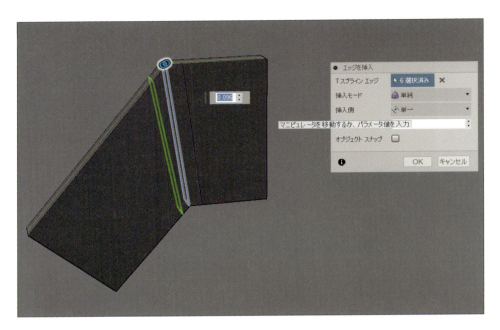

16 図のようにエッジを2本挿入して角Rを調整します。

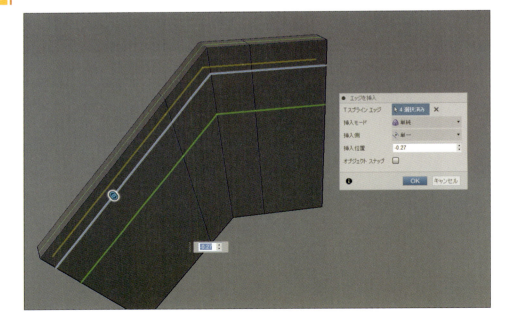

17 このオブジェクトをミラー複製します。
ツールバー＞対称＞ミラー - 複製を選び、オブジェクトを選択します。
オプションウィンドウの対称面を選択して**OK**ボタンを押します。

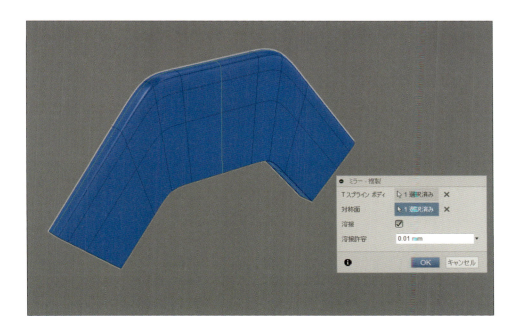

18 ミラー複製ができたら、次に円形複製を行います。
ツールバー＞対称＞円形 - 複製を選び、オブジェクトを選択します。**オプションウィンドウ**の回転軸を選択し、**オプションウィンドウ**の**数量**を35に変更します。
これで冷却フィンの完成です。次は固定ナットの作成に移ります。

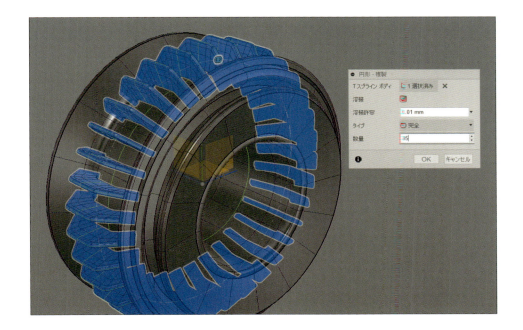

06-09 固定ナットの作成

メカニカルな雰囲気が欲しいので、機能は別としてナットをスポークのカット面にレイアウトしてみます。

01 ツールバー＞作成＞円柱を選び、原点をクリック＆ドラッグします。オプションウィンドウの設定を直径：25、直径の面：8、高さ：20、高さの面：1としたらOKボタンを押します。

02 下図のように奥側のエッジを縮小してテーパーをつけます。スケーリングの数値は0.65を入力します。スケーリングできたら、エッジを選択した状態で次のステップに進みます。

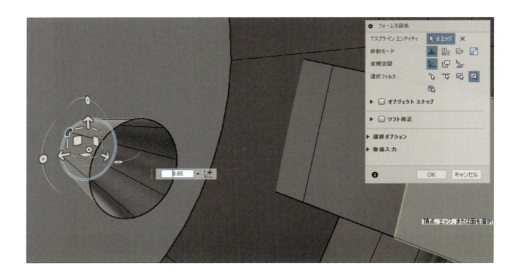

03 続けて**ツールバー＞修正＞穴の塗り潰し**を選択します。オプションウィンドウの**穴の塗り潰しモード**を折りたたむに変更し、**溶接の中心の頂点**にチェックを入れてOKボタンを押します。

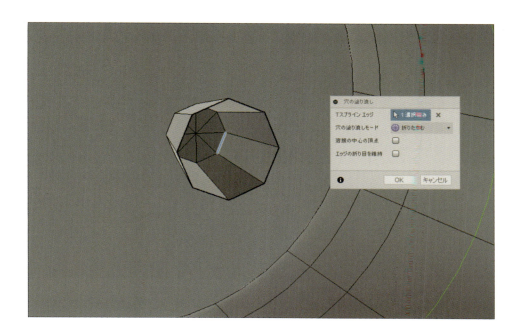

04 **ビューキューブ**を**右**表示にして、このオブジェクトをスポークカット面のキャラクターライン（下図緑のアール線）の同心円状に移動します（奥行きの移動操作はここでは行いません）。

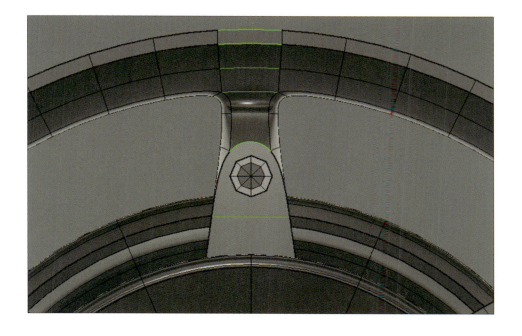

05 奥の底面に角Rを作成していきます。ここでは挿入エッジを個別に調整するため1本ずつ入れていきます。テーパーをつけた奥側のエッジを選択し、**ツールバー＞修正＞エッジを挿入**を選択して、円柱の側面に1本目のエッジを挿入して位置を調整します。

06 同じ手順で底面側にもエッジを挿入して角Rの大きさを調整します。

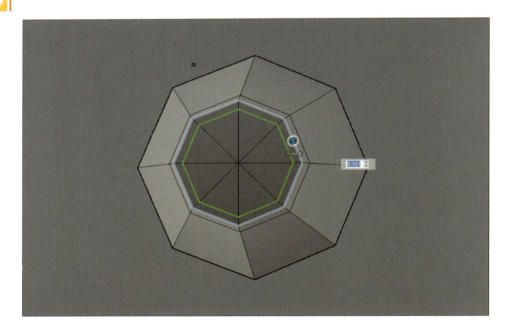

07 底面側中央の八角形の面を選択して、**Alt＋**移動で押し出します。その際、中心点が元の位置に残ってしまう場合は、**ツールバー＞選択＞選択の優先順位＞[エッジ優先]**を選択に設定し、問題の中心点に繋がっているエッジをすべて削除してください。正しい形状に戻ったら、選択設定を元に戻しておきましょう。

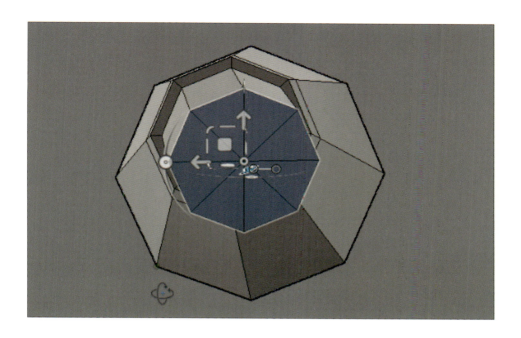

08 押し出した部分のエッジループを選択し、右クリックメニューから**折り目**を選択します。

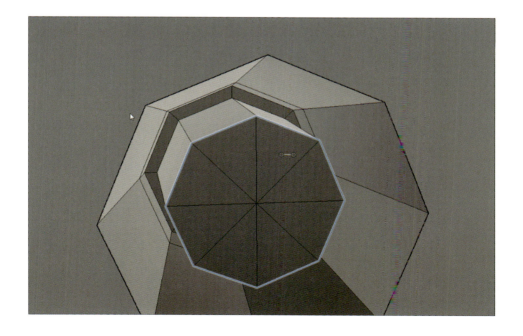

09 エッジを選択した状態で右クリックメニューから**ベベルエッジ**を選択し、**オプションウィンドウ**の**ベベル位置**を0.15にして**OK**ボタンを押します。

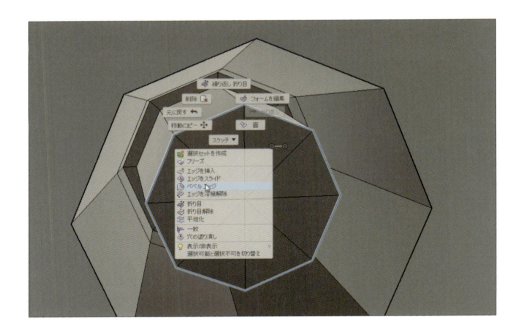

10 次に、固定ナットの穴の部分を別オブジェクトで作ります。画面の適当な位置でよいのでもう1つ円柱を作成します。
ツールバー＞作成＞円柱を選択し、**オプションウィンドウ**の設定を**直径**：6、**直径の面**：6、**高さ**：15 、**高さの面**：1にして**OK**ボタンを押します。

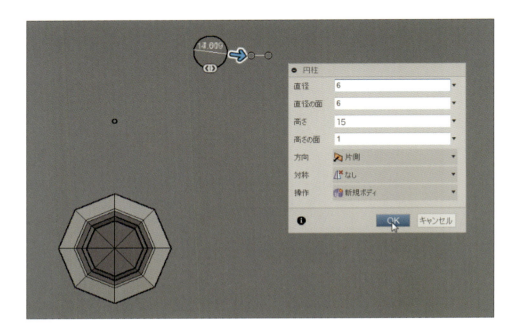

11 穴埋めと折り目の適用を行います。
STEP 03と同じように奥側の穴を埋めます。ただし、今回は**オプションウィンドウ**で**エッジの折り目**を維持にチェックを入れてください。次に、折り目になっていないすべての稜線のエッジに折り目を適用します。

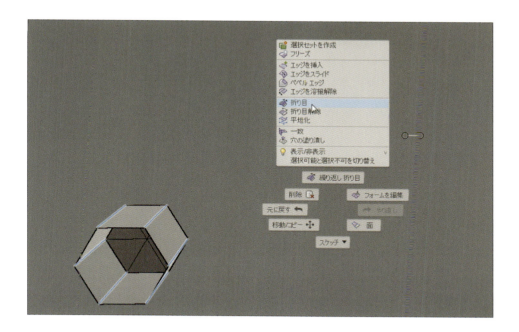

12 円柱全体を選択し、右クリックメニューから**移動/コピー**を選択します。**オプションウィンドウ**の**タイプ移動**の点から点のアイコンをクリックしたら、まず動かす点として2つ目の円柱の中点を選択し、次に移動先の点として1つ目の円柱の中点を選択します。移動後の状態は次ページの図を参照してください。

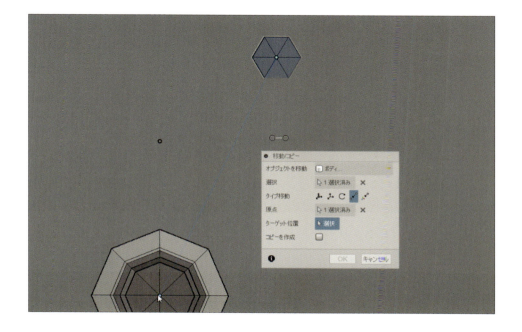

2つのオブジェクトが合わさった状態です。

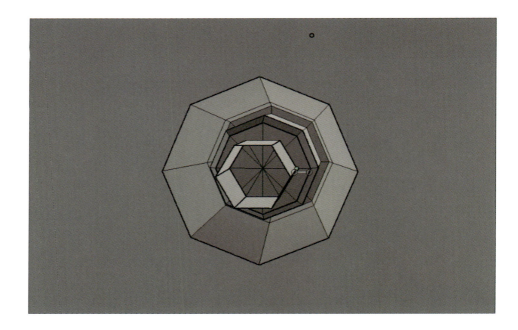

13 続けて下図を参考にして、ベースオブジェクト（固定ナット）の適切な穴の位置にくるように前後移動で調整します。

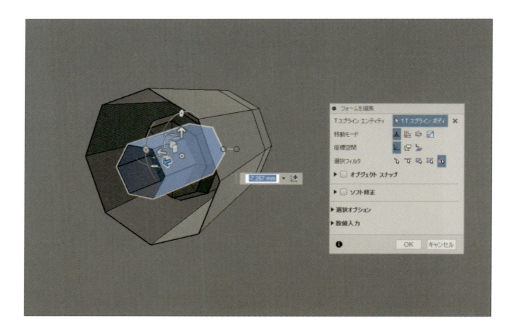

14 2つの円柱オブジェクトを選択して、スポークの適当な位置まで移動し、埋め込みます。

15 固定ナット（および穴部分）のミラー複製を行います。
ツールバー＞対称＞ミラー - 複製を選択します。オブジェクト（ナット）を選択し、**オプションウィンドウ**の**対称面**を選択して**OK**ボタンを押します。ナットのミラー複製ができたら、同じ手順で穴のほうにも適用します。

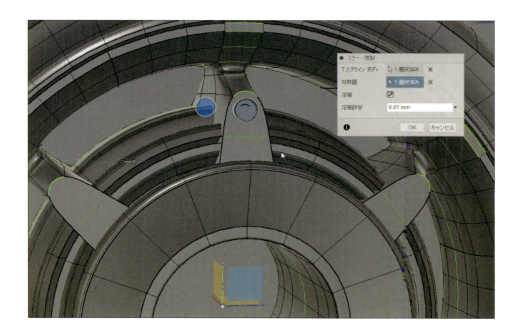

16 ツールバー＞対称＞円形 - 複製を選択し、対象オブジェクトと回転軸(X軸)を選択します。

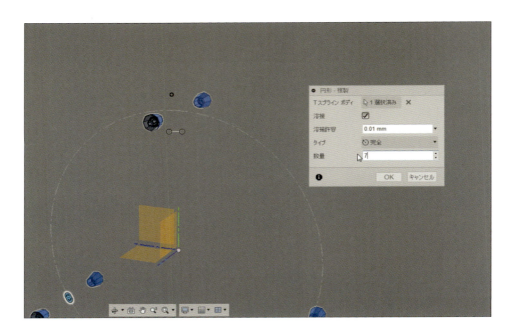

オプションウィンドウの数量をスポークと同じ7本に設定します。

17 ここまでに作成したオブジェクトを表示して確認してみましょう。これで、スカルプトでのタイヤ＆インホイールモーターのモデリングが完了しました。ここからはワークススペースをモデル・パッチに移してオブジェクトの統合や文字の彫り込みを行っていきます。

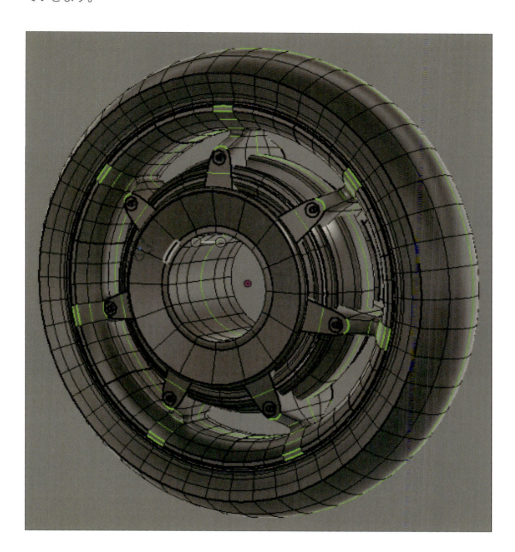

06-10 オブジェクトの統合

データ変換後(TスプラインからNURBS)オブジェクトのソリッド化をしていきます。

01 まずはTスプラインからNURBSへのデータ変換を行います。
ツールバー右端の**フォームを終了**をクリックするか、もしくはワークスペースを**スカルプト**から**モデル**に変更します。
面の交差などがある場合はエラーとなりデータ変換がうまく行えないので注意しましょう。

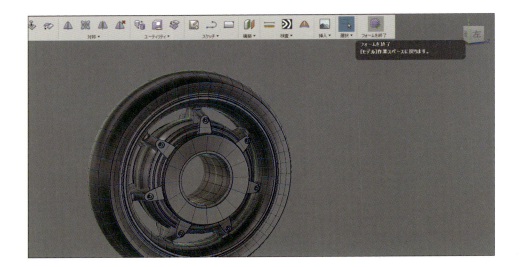

ワークスペースがモデルに移ると図のようにエッジの表示が変わります。**ブラウザ**の表示もスカルプトからソリッドとサーフェースの表示に変わります。

02 06-04で作成した中心部のクリアランスボリュームをスポークボリューム（ホイール）から切り取ります。

ツールバー＞修正＞結合を選択し、**ターゲットボディ**（スポーク（下図の青））と**ツールボディ**（クリアランス（下図の赤））を選択し、操作のモードを切り取りに変更して**OK**ボタンを押します。

スポークボリュームからクリアランスボリュームをカットすることができました。

03 現状、ホイールはソリッド、固定ナットのベース面はサーフェースとなっています。ソリッド同士のほうが結合しやすいのでナットのソリッド化を行いますが、その前段階としてまずはナットのディテールを整理していきます。
ワークスペースをモデルからパッチに切り替えます。

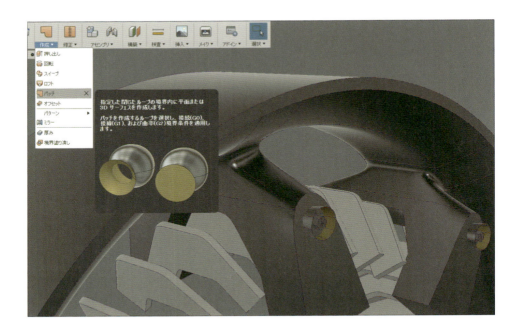

04 黄色の表示は面の裏側を表しています。固定ナットは内側が表面になるので法線を反転しておく必要があります。
ツールバー>修正>法線を反転を選択し、次に固定ナットのベース面を選択して反転します。

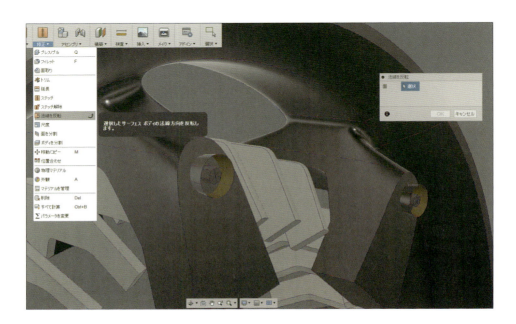

05 次にパッチを作成します。
ツールバー＞作成＞パッチを選び、固定ナットの縁のループを選択して面を塞ぎます。

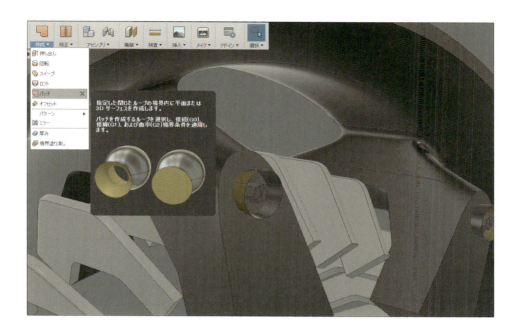

オブジェクトは塞がれましたが、まだサーフェスが2つある状態なので、ステッチを行う必要があります。

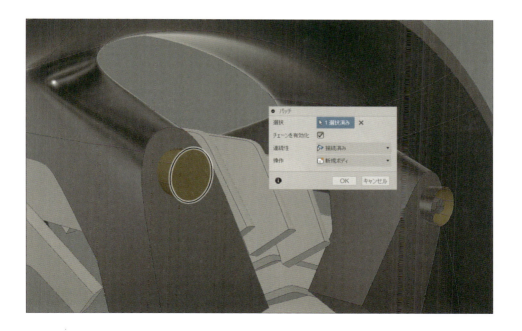

06 ツールバー＞修正＞ステッチを選び、オブジェクトをそれぞれ選択（固定ナットとパッチサーフェース）するとグリーンの線が表示されます。OKボタンを押してステッチおよびソリッド化します。

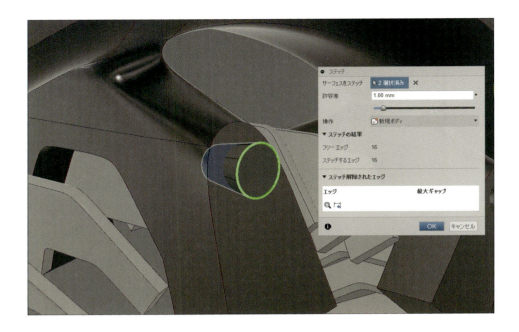

07 ワークスペースをモデルに戻し、今度はスポークから固定ナットのベース面を切り取ります。
モデルモードでツールバー＞修正＞結合を選択します。ターゲットボディ（スポーク）とツールボディ（先ほどソリッド化した固定ナットのベース面）を選択し、操作のモードを切り取りにしてOKボタンを押します。

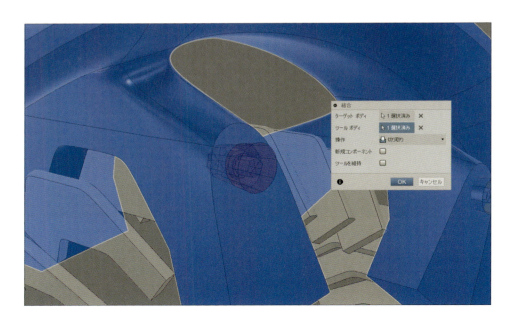

08 ホイールとホイールパーツの結合を行います。
ツールバー＞修正＞結合を選択します。**ターゲットボディ**（スポーク）と**ツールボディ**（タイヤ以外のオブジェクト）を選択し、**操作**を結合に変更して**OK**ボタンを押します。

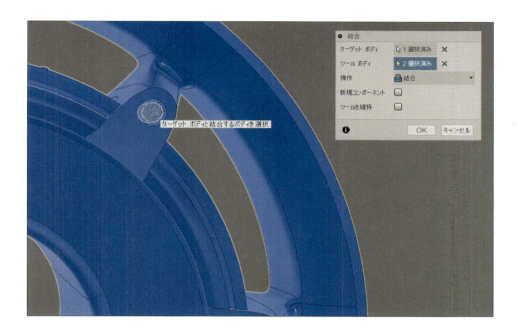

インホイールモーターの完成です。

09 最後に適宜マテリアルを設定し、レンダリングを行って形状を確認します。
ユニットは高性能、高回転、軽量などメカニカルな感じを表現したいのでクローム素材を割り当ててレンダリングします。
全体の見え方が自分の描いているイメージと合致しているか検証します。このレンダリングは十分メカニカルに表現できていますが、中央のドーナツ形の平面にもう少しディテールが欲しいところです。小さいテキストなどがあればさらにクオリティが上がると思うのでこの後試していきましょう。

06-11 文字の彫り込み

テキストはツールバーから作成することもできますが(**スケッチ＞テキスト**)、クオリティを求める場合はIllustrator等から書き出したDXFデータを準備しておきます。なお、ここで使用するテキストデータはChapter06のサンプルフォルダ内に用意されていますが、ご自身で作成されたデータを使用していただいてもかまいません。

01 あらかじめIllustratorから書き出しておいたテキストデータ(.dxf)を読み込むところから開始します。**ツールバー＞挿入＞DXFを挿入**を選択します。

> **ヒント** テキストデータを読み込むには
> テキストデータをFusion 360に読み込む場合は、Illustrator等のドローソフトからDXF形式で書き出しておきましょう。

次にテキストをセットする**平面/スケッチ**(中央のドーナツ形の平面)を選択し、オプション内のフォルダアイコンをクリックしてテキストデータを読み込みます。

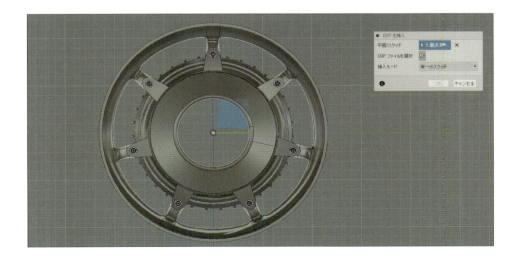

02 読み込んだテキストデータのサイズ調整を行います。
図のようにテキストが読み込まれたら、**オプションウィンドウ**の**単位**をインチからミリメートルに変更します。

03 読み込んだテキストデータの位置合わせをします。
正規のサイズに調整後、**移動**で中心にセットします。

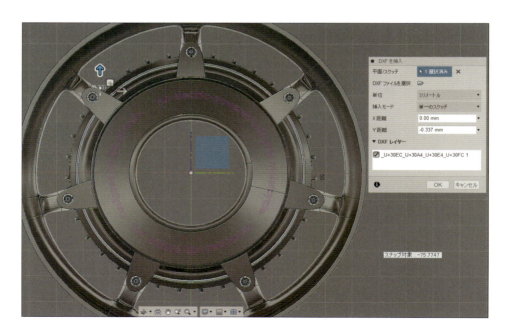

04 テキストの押し出しを行っていきます。その際、文字内の穴の空いた部分を押し出しに含めないように注意しましょう。

ツールバー＞作成＞Extrude（または押し出し）を選び、テキスト全体を選択します（背面のオブジェクトが邪魔な場合は、適宜非表示にしてください）。次に、文字内（o、p、e、A、6、0など）の穴の部分をクリックして選択を解除します。

オプションウィンドウで、**開始**：オブジェクトからを選択し、次に彫り込む面（ドーナツ形の平面）を選択して、**距離**：-3mm、**操作**：切り取りで**OK**ボタンを押します。

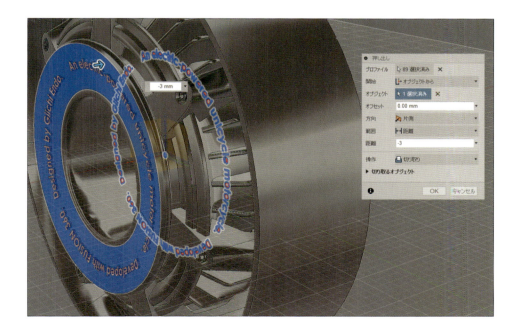

テキストの彫り込みが完了しました。

05 テキストを彫り込んでいない側の半分を削除し、テキストを彫り込んだ部位を反対側にコピーしましょう。少し手順が複雑なので、いくつかのステップに分けて進めていきます。

ビューキューブの前を選択し、**ツールバー＞スケッチ＞長方形＞2点指示の長方形**を選択して、センターから半分（テキストがない方）を矩形で囲みます。長方形のスケッチを作成できたら**スケッチを停止**ボタンを押します。

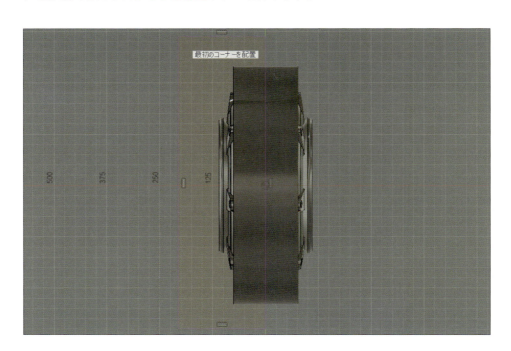

06 ツールバー＞作成＞**Extrude（または押し出し）**を選択し、先ほど作成した長方形のスケッチを選択します。**オプションウィンドウ**で**方向**：対称、**操作**：切り取りに設定し、矢印のマニピュレーターを操作してスケッチ領域を押し出します。オブジェクト部分(半分)を完全にカバーできたら**OK**ボタンを押します。
スケッチ領域内の部分が自動で削除されます。

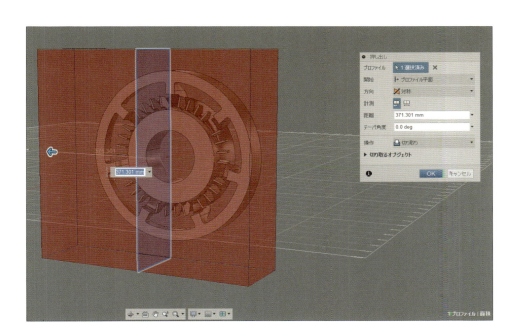

07 オブジェクトを反転コピーする際のスナップ用の点を原点の位置に作成しておきます。**ツールバー＞スケッチ＞点**を選択します。右ビューから見て正面の作業平面を選択し、グリッドの原点をクリックして点を作成します。作成できたら**スケッチを停止**ボタンを押します。

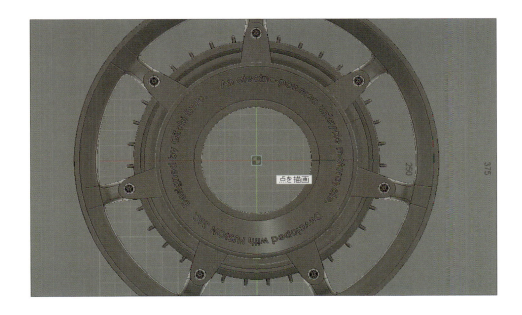

08 ブラウザでホイールのボディを選択し、コピー&ペーストで複製を作成します。次に右クリックメニューから移動/コピーを選択し、複製したオブジェクを選択します。オプションウィンドウのピポッド設定にチェックを入れ、前のステップで作成した点（原点）をクリックしてこの位置にピボットをスナップします。最後に、ピボット設定のチェックを再度クリックして完了します。

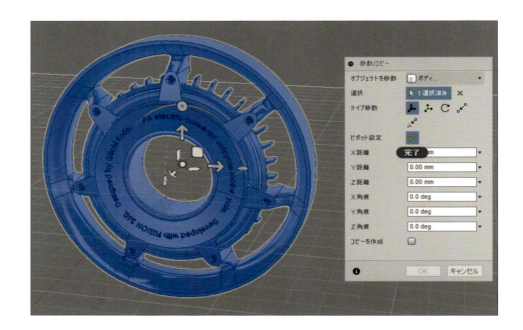

09 複製したオブジェクトのピボットは対称線の中心にあるはずなので、その点を軸に下図のように180度回転させてOKボタンを押します（ウィンドウのY角度に180と入力すると簡単です）。

10 ツールバー＞修正＞結合を選び、両側のオブジェクトを選択します。**オプションウィンドウ**の**操作**を結合して**OK**ボタンを押します。

11 レンダリングで全体の印象を確認します。インホイールモーターの完成です。

06-12 フレーム作成

ここからはまたスカルプトでの作業になります。思考錯誤しながら造形していきますので、作ったり壊したりする場面があったり、一度作成したものを捨ててやり直したりといたことが良くあります。場合によっては、そのほうが綺麗な形状を早く作れたりもします。また、感覚的にエッジを挿入する場合や、詳細な数値等で指示できない場面もあります。そんな時は、前後のステップの図を参考にしたり、場合によっては完成後のイメージを先に確認して頭に入れておくと良いかと思います。自分が今どんなもの（パーツ）を作っているかを把握しながら進めましょう。

基本的にはボックス表示で作業を進めていきますが、カクカクでも頂点の流れをよく観察していればコツが掴めてくるかと思います（スムース表示は必要なときに適宜切り替えながら進めてください）。点やエッジを動かす際のポイントは各ビュー（上、右、前）でそれぞれの点や線の流れを整えることです。

01 スカルプトモードに切り替えたらビューキューブの右を選択し、**ツールバー＞作成＞円柱**を選択します。作業平面と原点をクリックし、**オプションウィンドウ**で**直径**：173mm、**直径の面**：20mm、**高さ**：120mm、**高さの面**：3として**OK**ボタンを押します。

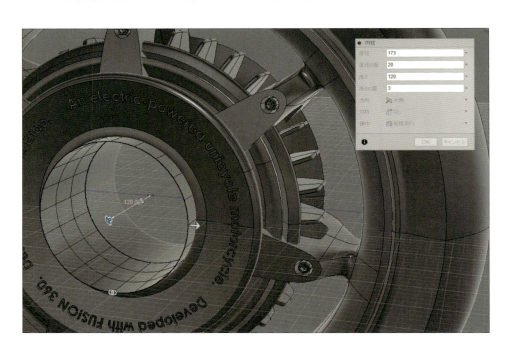

02 円柱の厚みを作成します。
ツールバー＞修正＞厚みを選び、中心方向に厚みをつけたいので**厚さ**：-20mmと入力します。

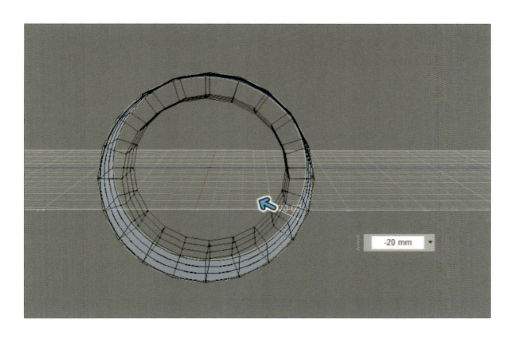

03 ミラー複製時の合わせ面として、原点側（奥側）の面を削除しておきます。

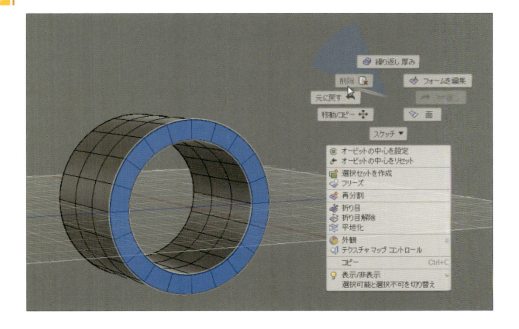

04 押し出しを行ってフレームのボリュームを作っていきます。
まず円柱の先頭(先ほど削除したのと反対側(手前側)の面)を1回押し出したあと、先頭寄りに1本エッジループを挿入します。その後、下図の青の面を選択します。

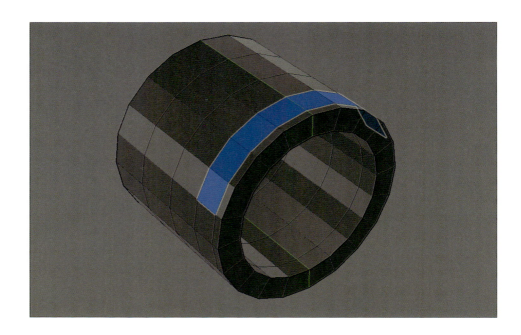

選択した面をAlt+移動で上方向に押し出し、下図の位置で一旦止めます。

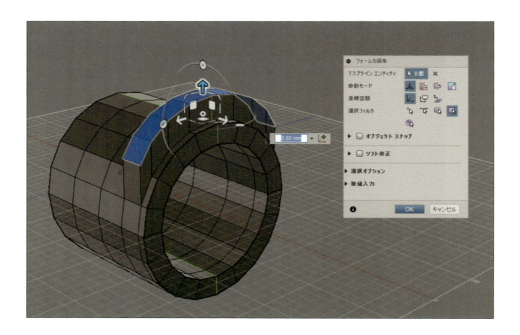

続けて中央の2面を選択から外し、適当な位置まで上方向に押し出します。

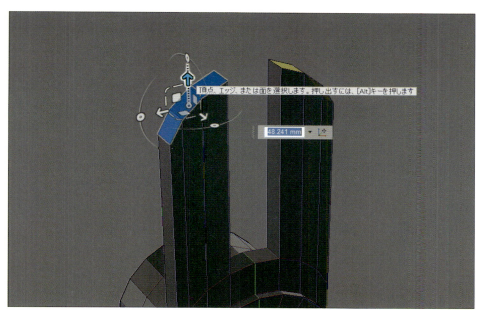

06 マニピュレーターの上下方向のスケールを選択し、ウィンドウに00を入力して水平にします。

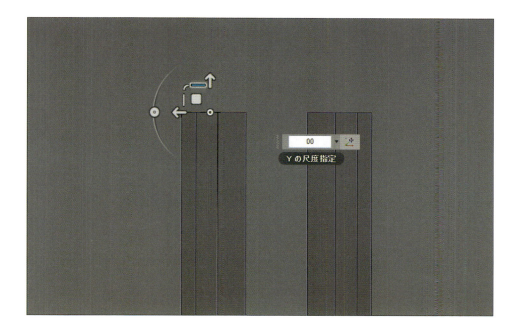

07 右ビューから見て奥側（原点側）のエッジを選択し、下方（45度）へ移動します。

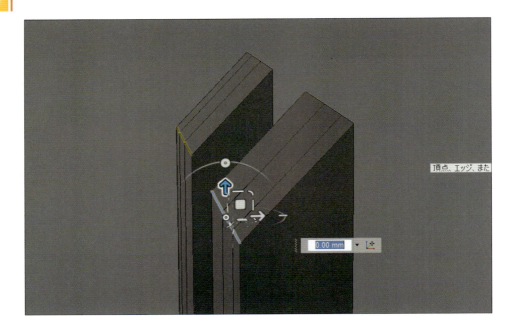

08 45度になった上面を選択して削除します。

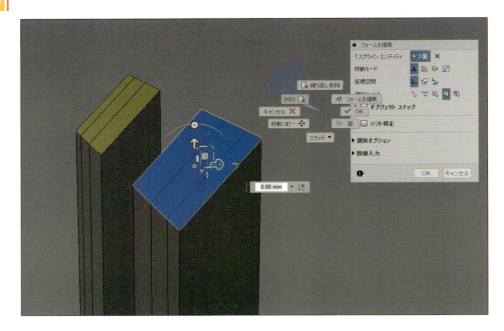

下図の位置に片側4本(両側8本)のエッジを挿入してください。

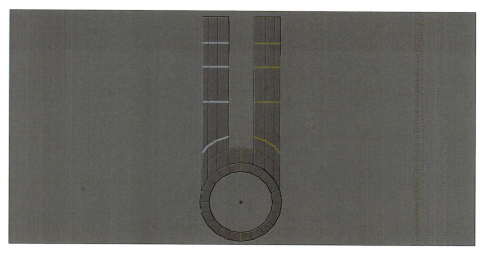

06-13 フレームの結合

左右の4本のボリュームを中央の1つのボリュームで結合します。

01 ツールバー＞作成＞円柱を選択し、図のような位置で直径：110、直径の面：16、高さ：30、面の高さ：2の円柱を作成します。

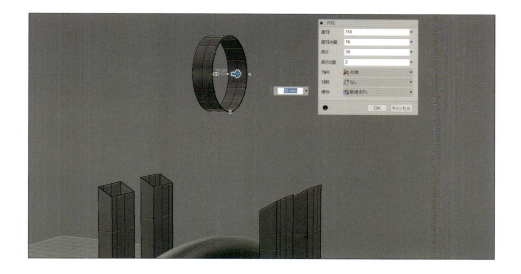

02 手前側の外周のエッジを選択して、中央に向かって押し出します。
下図のように押し出せたら、下半分を選択して削除します。

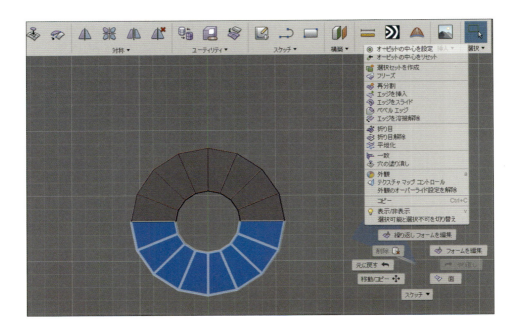

03 今度は削除した断面のエッジを選択して、図のように下方に押し出します。

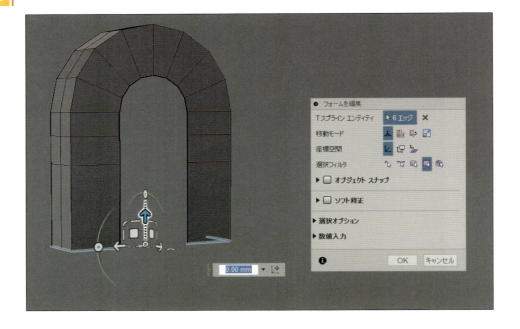

04 ツールバー＞修正＞ブリッジを選び、STEP 03で押し出したエッジの手前側3本を、最初に作成したオブジェクトの先端のエッジ3本にそれぞれブリッジします。片側をブリッジできたら、もう一方の足も同様にブリッジします。

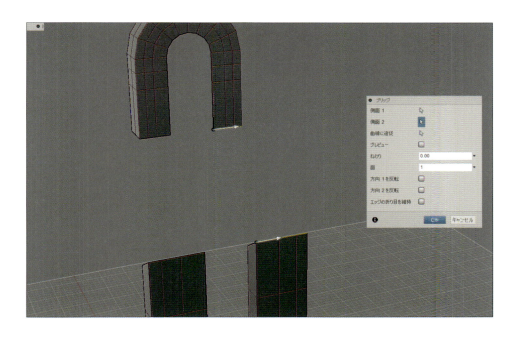

05 先ほどブリッジしなかったサイドの2本のエッジを、図のように下に向かって押し出します。

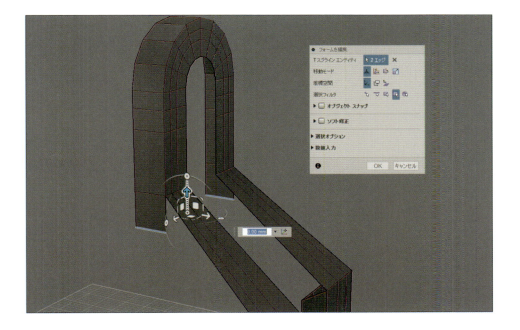

06 ツールバー＞修正＞ブリッジを選択し、下図のエッジ（白矢印）をブリッジします。その際、面は1に設定しておきます。片側が終わったら反対側も同様にブリッジしてください。

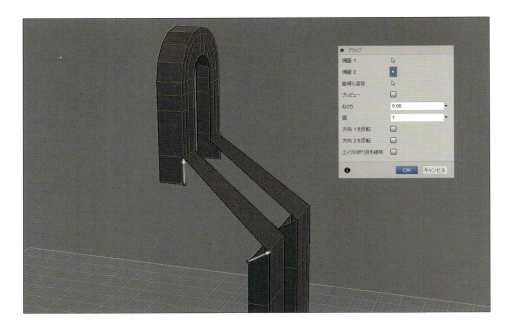

07 エッジを挿入します。
コーナーのエッジ（青）を選択して右クリックし、エッジを挿入を選択します。
オプションウィンドウの挿入位置を-0.75にしてOKボタンを押します。もう一方も同様にエッジを挿入します。

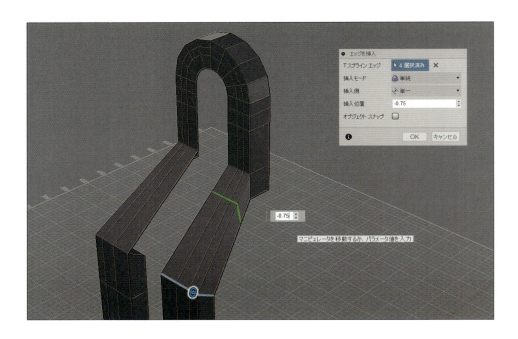

08 ツールバー＞修正＞ブリッジを選択し、下図に白矢印で示した対応するエッジ同士をブリッジします。

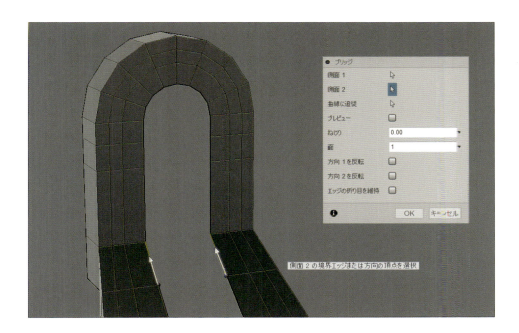

09 ブリッジした部分のU字ラインのエッジを選択して、下図のように下方向に押し出します。

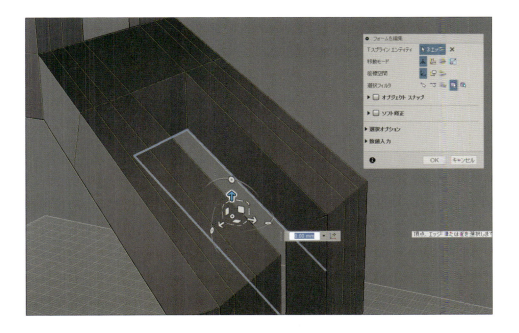

10 ツールバー＞修正＞頂点を溶接を選択し、まず動かすほうの頂点（前のSTEPで押し出した部分の頂点）を先にクリックし、次にスナップする頂点（すぐ左上にある図の青の頂点）を選択して溶接します。片側ができたら対面側も同様に行います。

11 中側の空いてる面のエッジを選択して穴の塗り潰しで穴埋めします。穴の塗り潰しモードはスターを塗潰しを選択します。

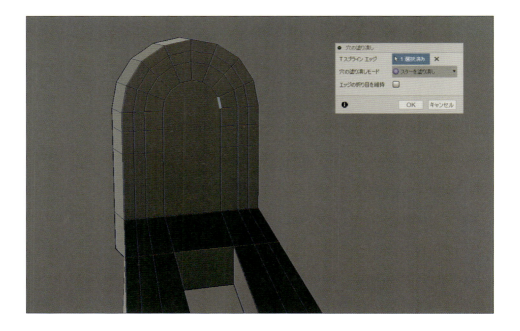

12 ツールバー＞修正＞挿入点を選択し、先ほど穴埋めした面の上部中心の頂点から下へ向かって面が途切れる位置までエッジを挿入します。面の中央にカーソルを近づけると赤い点が出てくるので、そこにスナップしてクリックすれば点を挿入できます。

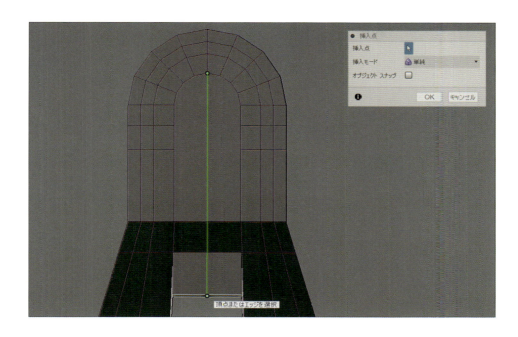

13 続けてツールバー＞修正＞挿入点を選び、図の位置にエッジを挿入します。そのすぐ下の2箇所も同様にエッジをつなぎます。

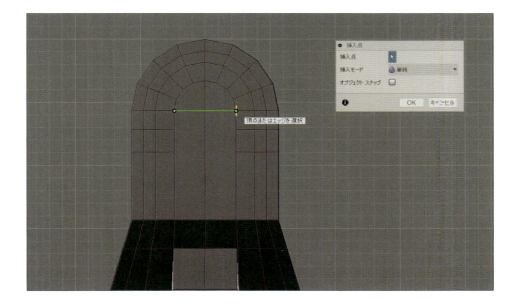

14 下図のエッジループを選択して削除します。先ほどのステップでエッジをつなげたことで、ダブルクリックで簡単に選択できるようになっています。

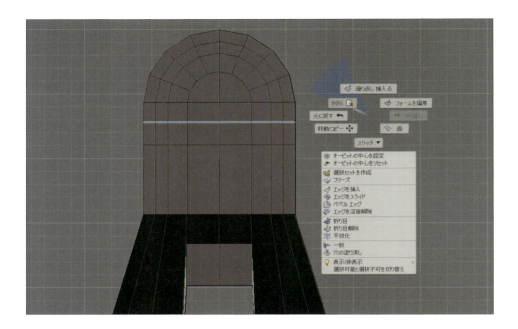

15 **ツールバー＞修正＞ブリッジ**を選び、下図のエッジを選択してブリッジします。

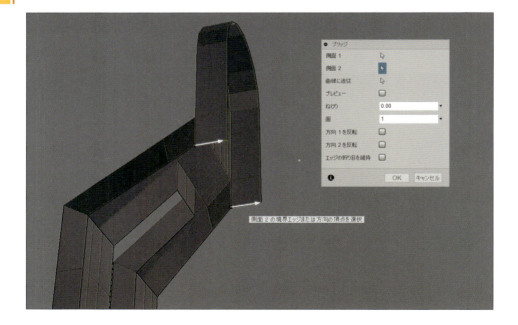

16 同じように下図のエッジもブリッジします。

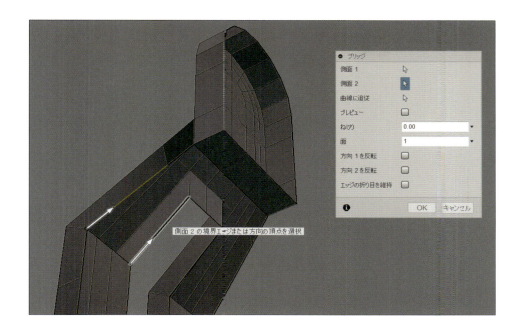

17 ツールバー＞作成＞面を選び、オプション内の五角形のアイコンを選択します。下図のように点を順番にクリックして面を作成します。

18 ツールバー＞対称＞ミラー − 内部を選択し、対になる面を2箇所選択して下図のようにシンメトリーラインを入れます。その後、挿入点で図のようにエッジを挿入してます。

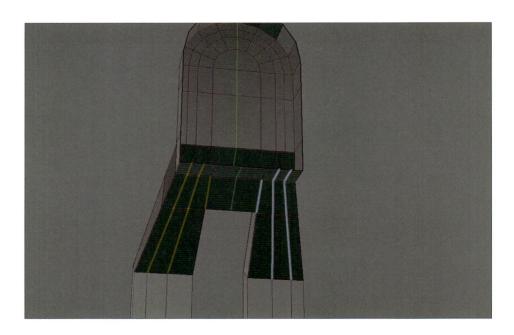

フレームの基本ブロックの完成です。

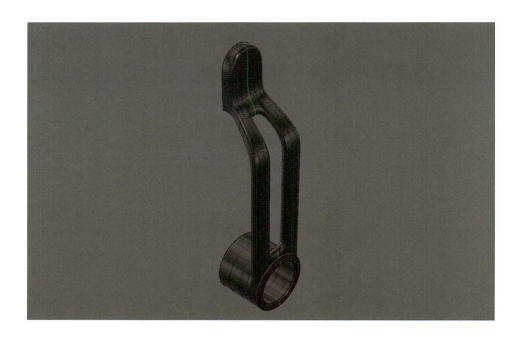

06-14 フレームのディテール作成

基本ボリュームが決定したら、アールやカット面（C面）の調整を行います。

01 **ツールバー＞対称＞ミラー－複製**を選択し、フレームをシンメトリーにします。

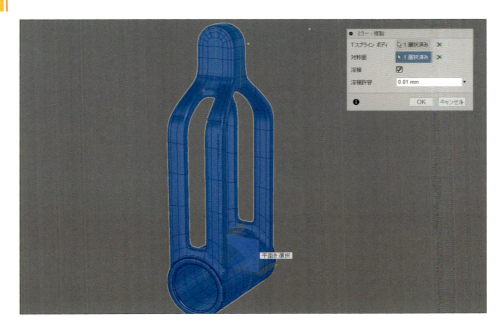

02 下部の円柱の外周エッジを選択し、右クリックメニューから**エッジを挿入**を選択します。**オプションウィンドウ**の**挿入位置**：0.4を入力して**OK**ボタンを押します。

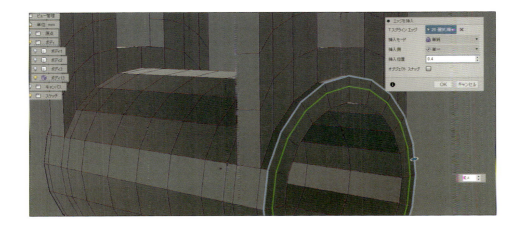

Chapter06: EV Unicycle - Dragonfly

03 挿入したエッジを選択し、外側（手前側）に移動して断面を作成します。
また、外周エッジが折り目になっていない場合は、ここで折り目を適用しておきます
（折り目になっているエッジはラインが太くなっています）。

04 外周エッジを選択し、右クリックメニューから**ベベルエッジ**を適用します。**オプショ
ンウィンドウ**の**ベベルの位置**を0.25にして**OK**ボタンを押します。

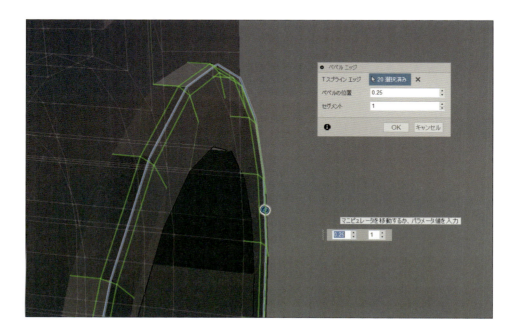

05 次に一番内側の内周エッジを選択し、右クリックメニューから**エッジを挿入**を適用します。**オプションウィンドウ**の**挿入位置**を0.3と入力して**OK**ボタンを押します。
また、内周エッジが折り目になっていない場合は、ここで折り目を適用しておきます。

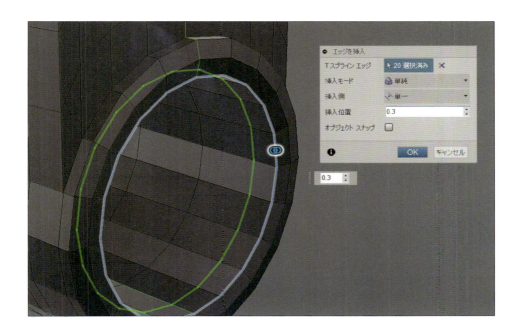

06 再度内側のエッジを選択し、右クリックメニューから**ベベルエッジ**を適用します。**オプションウィンドウ**の**ベベルの位置**を0.25にしてOKボタンを押します。

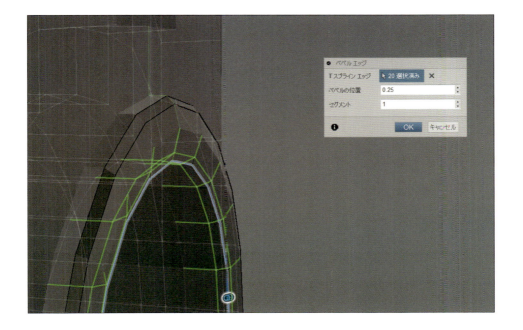

07 ツールバー＞作成＞円柱を選択し、図のようなサイズおよび面の数の円柱を作成します。続けて手前側の外周エッジを選択して下図のように内方向に押し出します。

08 フレームから円柱を適度に凸らせて、外周エッジに折り目を適用します。
続けてこのエッジにベベルエッジを適用します。オプションウィンドウのベベルの位置を0.25としてOKボタンを押します。

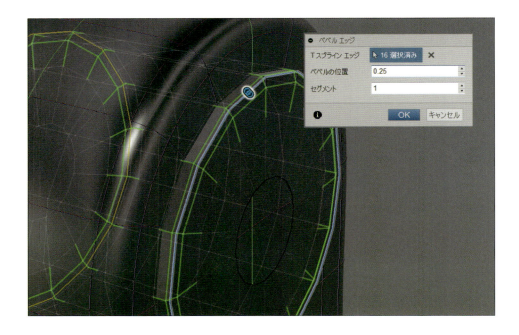

09 メインフレームが完成しました。
各自で下絵やタイヤ（ホイール）のオブジェクトを表示して、フレーム内にきれいに収まっているかを確認しておいてください。収まっていない場合は、適宜バランスを調整してみてください。

06-15 サブフレームの作成

タンクやシートを固定するためのフレームをメインフレームから押し出していきます。

01 まずはマニピュレーターのピボットを移動させるところから開始します。
フレームオブジェクトを選択し、右クリックメニューから**移動/コピー**を選択します。**オプションウィンドウ**のピボット設定アイコンをクリックし、次に原点をクリックしてピボットを原点に移動させます。最後にピボット設定のチェックマークをクリックして完了します。

ピボットを原点に移動できたところで、下図のように進行方向側にメインフレームを40度傾けます。

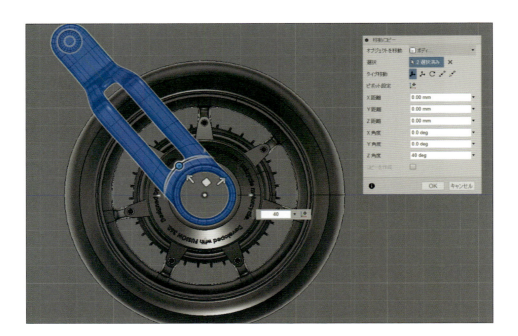

キャンバスから下絵を表示して、右ビューからレイアウトを確認します。

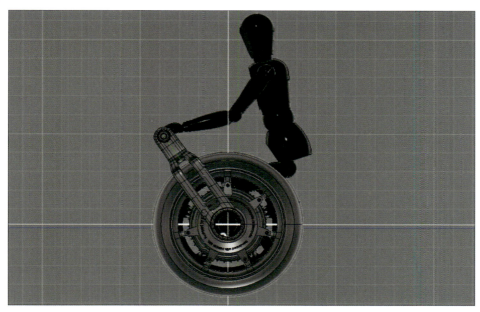

03 サブフレームを押し出すため、下図の面を選択しておきます。

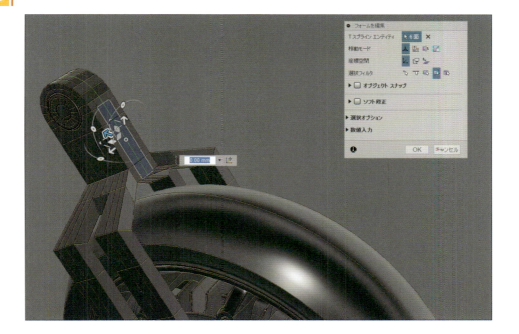

04 選択面の押し出しを行い、下図の位置にエッジを挿入します。

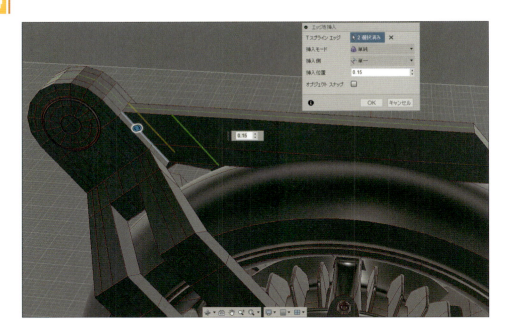

全周入らない場合は、挿入点を使いマニュアルでエッジをつないでください。

05 部分的にタイヤに埋まっているので、タイヤおよびホイールを一旦非表示にして下図の面（青）を選択し、上に移動します。

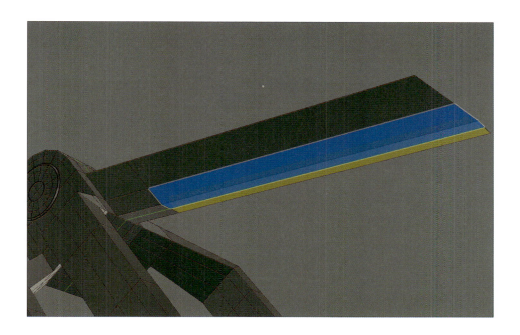

下図のようにタイヤに当たらない位置まで移動しましょう。

06 上部の断面を調整していきます。これまではエッジを直接移動して調整してきましたが、ここでは別の方法を用いてみます。

上面角のエッジ(水色)を選択し、右クリックメニューから**エッジを挿入**を適用します。エッジを挿入できたら、選択していた上面角のエッジを削除します。これにより断面の形状を作ることができました。

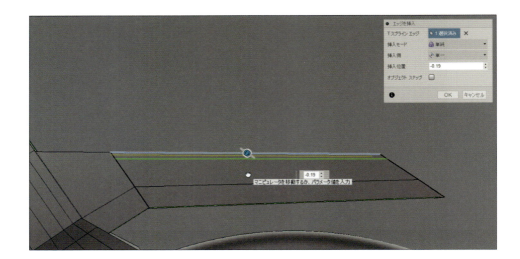

07 **修正＞頂点を溶接**を使用し、エッジをつなぎ直します。続けて、くびれのRを調整するために下図のように複数本のエッジを挿入して、位置を微調整します(右ページの図も参考にしてください)。

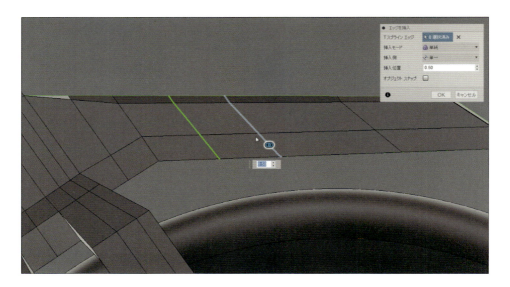

> **ヒント 断面の微調整**
>
> ■ エッジや頂点を直接移動する通常の方法では、面の角度が変わってしまい、結果的に綺麗な流れ(規則性)を維持できないことがあります。一方、ここで行った方法の場合、エッジの角度を維持しつつ形状に微調整を加えることができます。ただし、場合によっては頂点の溶接ツールなどで元のラインにエッジをつなぎ直してあげる必要もあるので注意しましょう。

08 下図のエッジを選択して**折り目**を適用します。

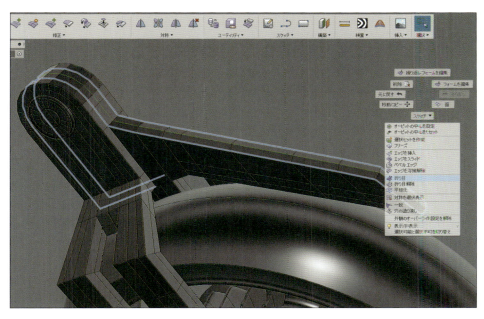

09 サブフレームの完成です。スムース表示で確認してみましょう。

06-16 シートブラケットの作成

シートの骨格部分を作成していきます。シートの傾きが可変できる構造にしましょう。ジョイント部分を作ってから押し出しでフレームを作成します。

01 円柱ジョイントを作成します。
ツールバー＞作成＞円柱を選択します。**オプションウィンドウ**のサイズ設定で、**直径**：50、**直径の面**：16、**高さ**：80、**高さの面**：4、**対称**：ミラーに設定して**OK**ボタンを押します。

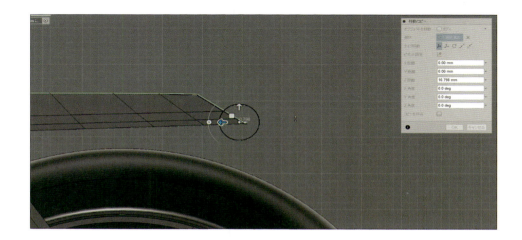

02 図のように内側方向に4回押し出したあと、**穴の塗り潰し**でソリッド化します。断面の調整は次のステップで行います。

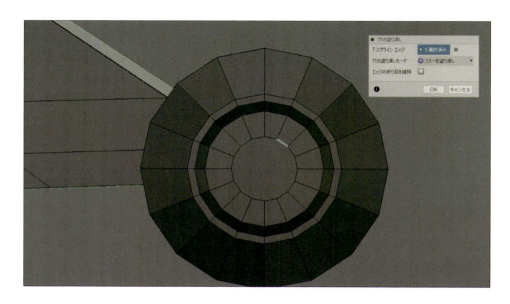

03 押し出したエッジを調整して、図のような形状を作ります（太線は折り目になっているラインです）。

エッジの調整が終わったら円柱角の外周エッジを選択し、両側にエッジを挿入してR調整を行います。

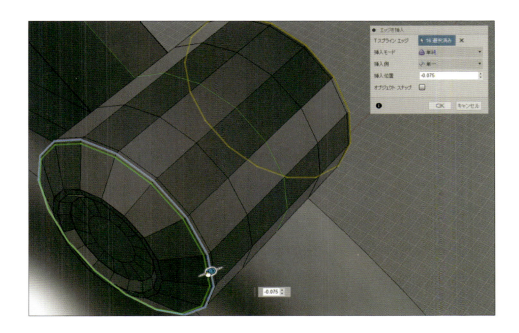

04 円柱ジョイントからブラケット部分を押し出して、下図の位置で一旦止めます。

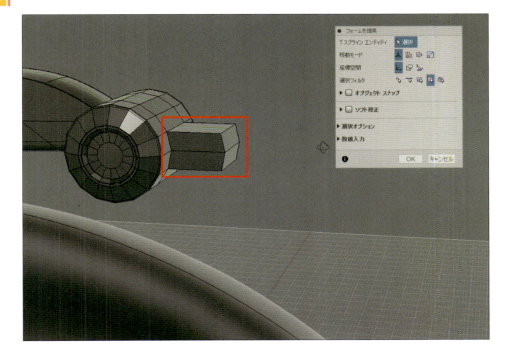

05 再度押し出しを行い、下図の位置で止めます。

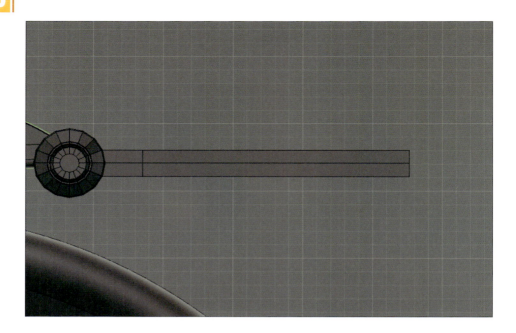

06 2回目に押し出した部分の側面を選択します（青のエリア）。

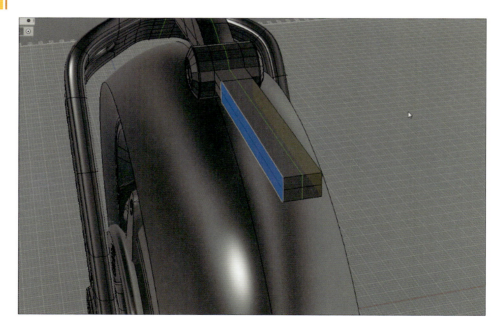

07 ビューキューブの上を選択し、選択中の側面をサイドに押し出します。タイヤよりもやや内側の位置で止めておきます。

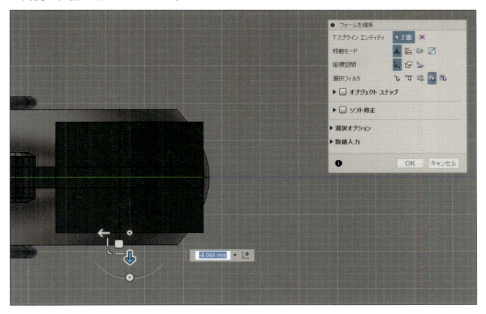

08 各コーナーの縦のエッジを移動して下図のような形状にします。

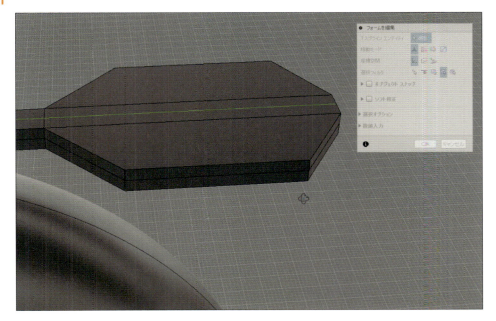

09 エッジを挿入してRの調整を行います。

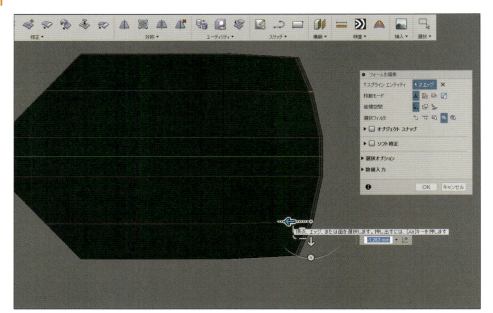

10 スムース表示でRの大きさを確認します。もう少しRにメリハリをつけたいのでエッジを挿入して面を割っていきましょう。

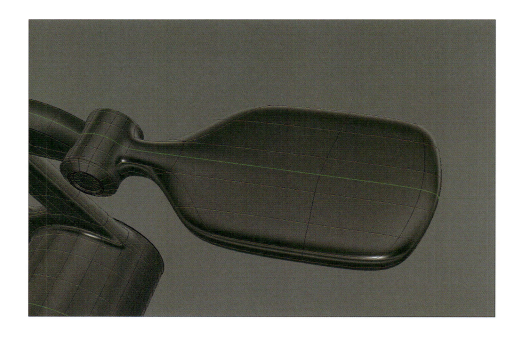

11 水色のエッジを選択し、下図のようにお尻側にエッジを挿入してRを小さくします。

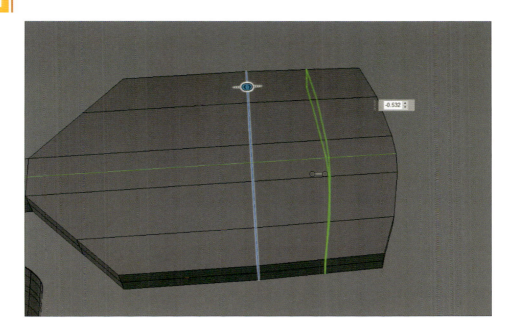

12 エッジを移動してRに微調整を加えます（下図は真上から見た状態です）。

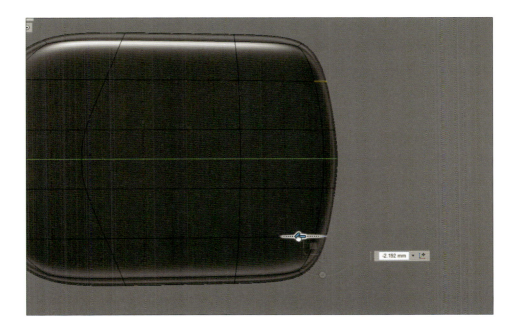

> **ヒント R調整時の表示切り替え**
>
> 基本の大きなボリュームのモデリングはボックス表示で行いますが、上記のようなRの微調整はスムース表示にしてインタラクティブに行うと良いです。

13 座面部分を選択して図のように下へ移動し回転させます。
このように粘土のように自由に調整できるのはスカルプトの長所のひとつです。

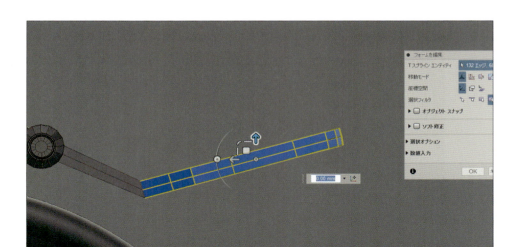

14 ジョイント部と座面のつなぎ部分のRを調整しましょう。
まず下図のようにエッジを1本挿入します。

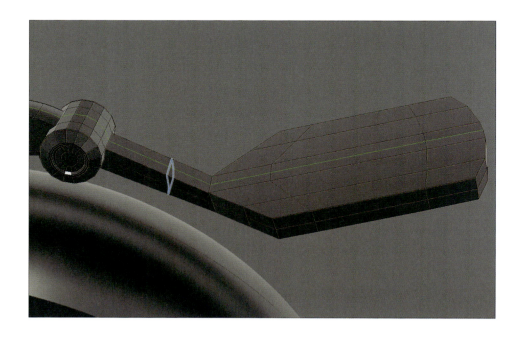

15 次に、挿入したエッジを選択し、右クリックメニューから**エッジをスライド**を適用して面に沿ってエッジをスライドさせます。エッジをスライド機能は、こういった微調整に便利なツールです。

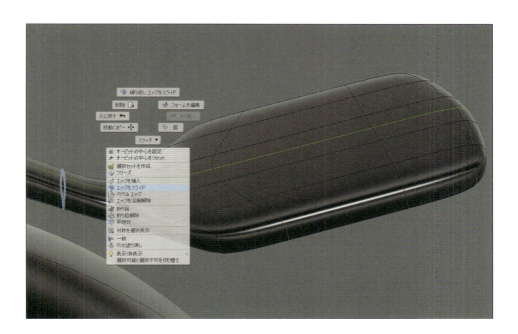

06-17 ブラケットの軽量化

シートブラケットの軽量化をするために肉抜き作業を行います。この作業はスカルプトからモデルモードに切り替えて行います。

01 ツールバー右端のフォームを終了のアイコンをクリックして**モデル**モードに移ります。オブジェクトは**Tスプライン**から**NURBS**にデータ変換されます（再度スカルプトモードに戻るには履歴のスカルプトアイコンをダブルクリックします）。

02 ビューキューブの上をクリックしたら、**ツールバー＞スケッチ＞長方形**を選択し、図のようにスケッチを作成します。

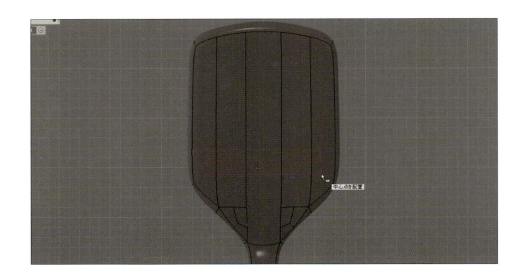

03 スケッチのエッジをダブルクリックで選択し、右クリックメニューから移動/コピーを選択して、マニピュレーターでターゲットの位置に合わせます。

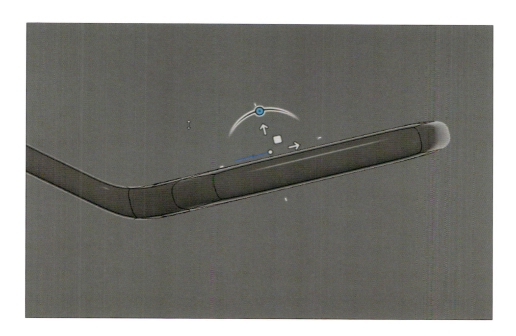

04 ツールバー＞Extrude(または押し出し)を選択し、を選び、スケッチを押し出します。オプションウィンドウの操作を新規ボディに設定してOKボタンを押します。

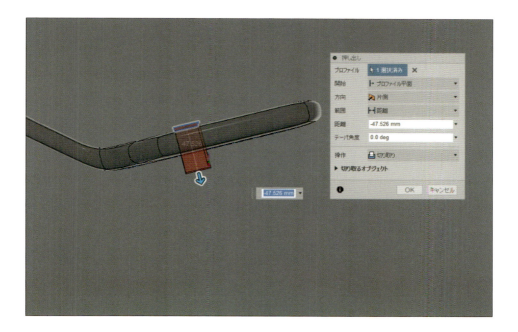

05 ツールバー＞修正＞フィレットを選び、スケッチのコーナーのエッジを選択します。オプションウィンドウで半径を8に設定してOKボタンを押します。

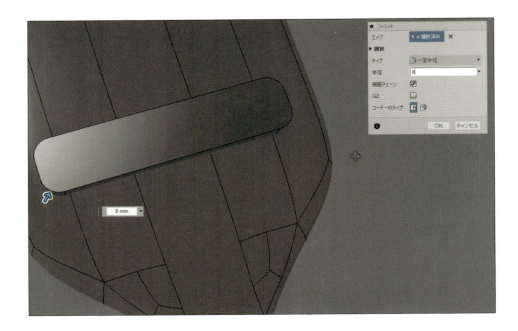

06 スケッチをコピー＆ペーストで複製(計4個)し、下図のように位置合わせをします。

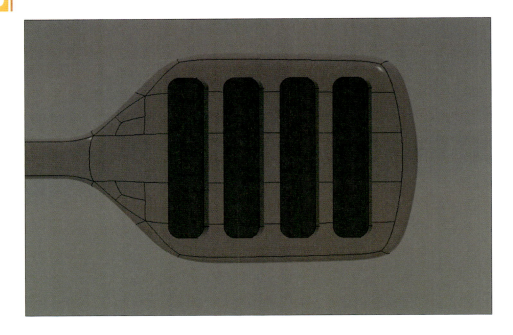

07 ツールバー＞修正＞結合を選び、ターゲットボディ（座面）とツールボディ（4つのスケッチ）を選択します。オプションウィンドウの操作を切り取りに設定してOKボタンを押します。

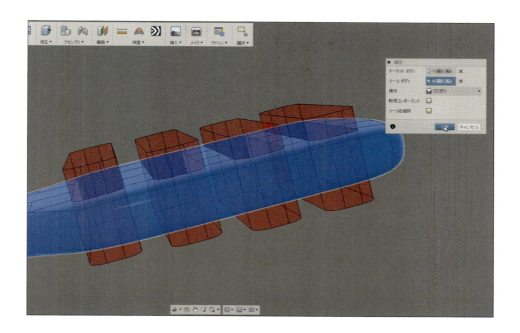

08 ツールバー＞修正＞面取りを選択します。穴の縁のエッジを選択して、入力ウィンドウでC面のサイズを指定してOKボタンを押します。

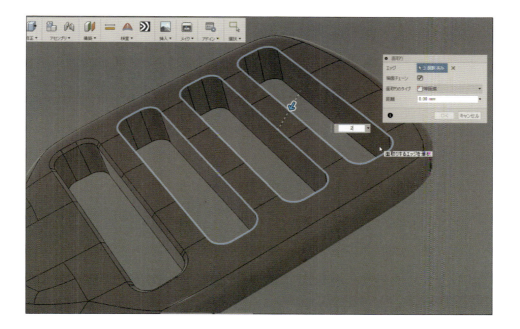

06-18 サブフレーム・取り付け面加工

タンクをフレームに固定するためのステーのガイドを作成します。

01 ツールバー＞スケッチ＞円＞中心と直径で指定した円を選び、図の位置にスケッチを作成します。

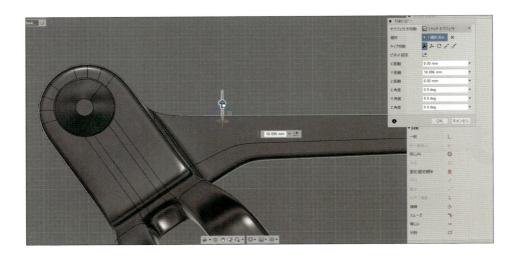

02 ツールバー＞スケッチ＞長方形＞3点指定の長方形を選び、円の直径と高さをクリックして図のように作成します。

03 ツールバー＞作成＞Extrude（または押し出し）を選び、先ほど作成したスケッチを選択して押し出します。
この時、面が幾つかに分かれていますが、すべて選択するようにしてください。

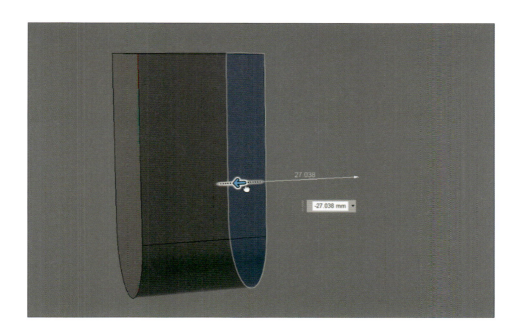

04 押し出したオブジェクトを切り取る位置まで移動します。

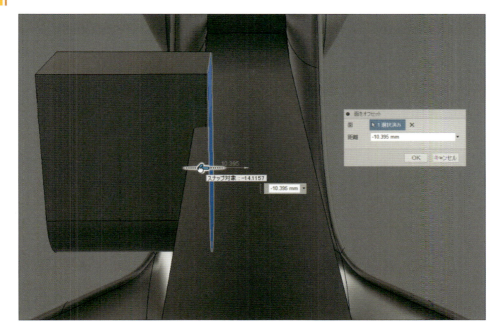

05 ツールバー＞修正＞結合を選び、オプションウィンドウの操作を切り取りに設定してOKボタンを押します。

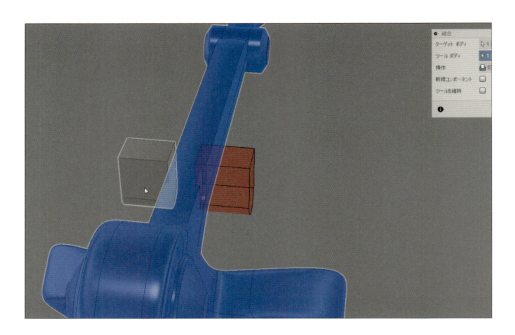

タンク取り付けエンボスの完成です。

06 タンク・ステーの位置決めガイドを作成します。
ツールバー＞作成＞球を選び、図の位置に球を作成します。

07 **ツールバー＞修正＞結合**を選び、**オプションウィンドウ**の**操作**を切り取りに設定して**OK**ボタンを押します。

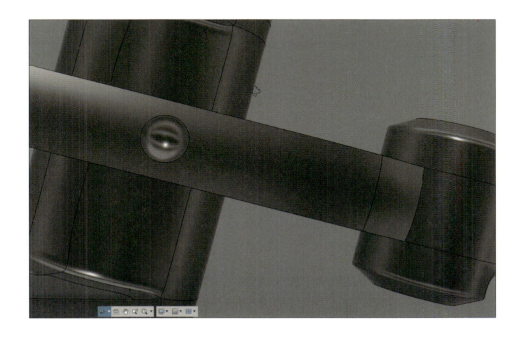

06-19 ステップの作成

ステップのステーとステップを作成します。ソリッドで別々のオブジェクトを足したり引いたりしていきます。

01 ツールバー＞スケッチ＞円を選択して、図の位置に円のスケッチを作成します。

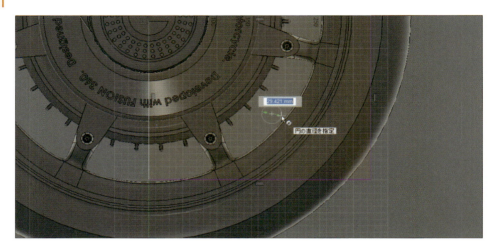

02 ツールバー＞作成＞Extrude（または押し出し）を選択して、スケッチを外側に押し出してステップを作成します。

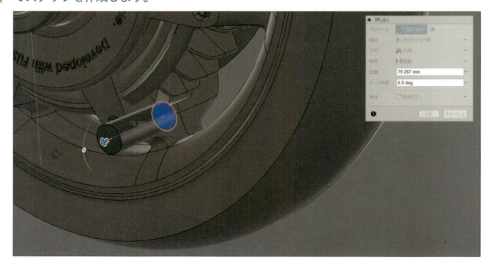

03 ステー部をスケッチします。
ツールバー＞スケッチ＞線分を選択して、下図のような台形のスケッチを追加します。

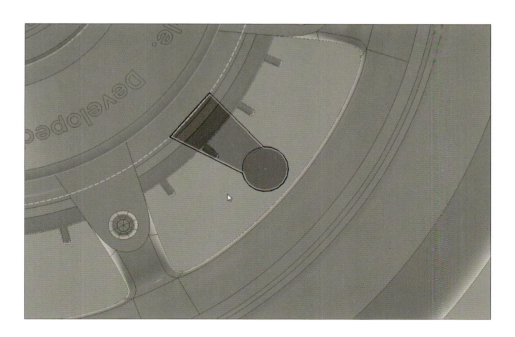

04 ステー部を押し出します。
ツールバー＞作成＞Extrude（または押し出し）を選択して、スケッチを中側に押し出します。

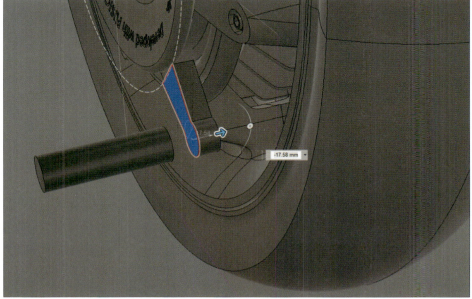

05 ツールバー＞修正＞プレス／プルを選択して、図のようにステーの底面を中心方向に押し出します。

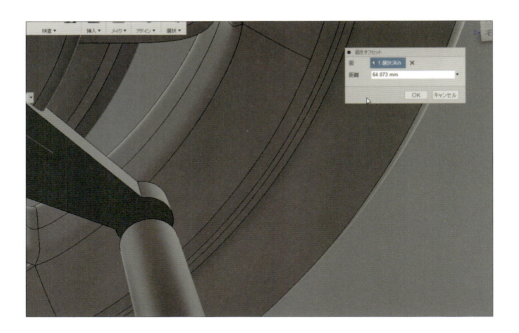

06 ステップを移動してステーと相関させます。

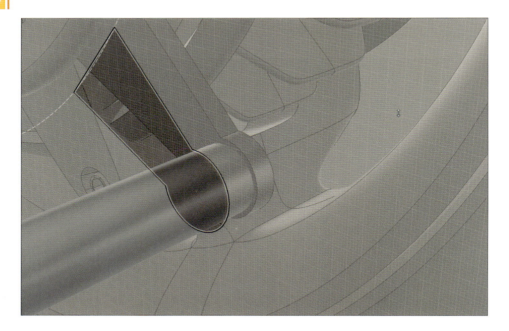

ツールバー＞スケッチ＞線分を選択して、足乗せの切り欠き形状を作成します。

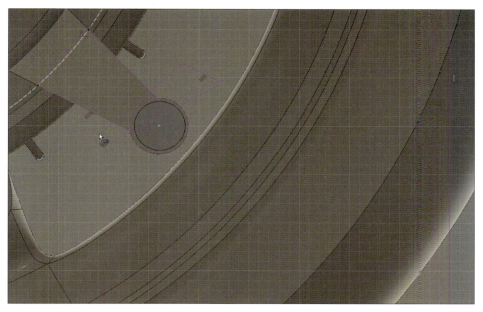

ツールバー＞作成＞Extrude（または押し出し）を選択して、足乗せの切り欠き形状を押し出します。

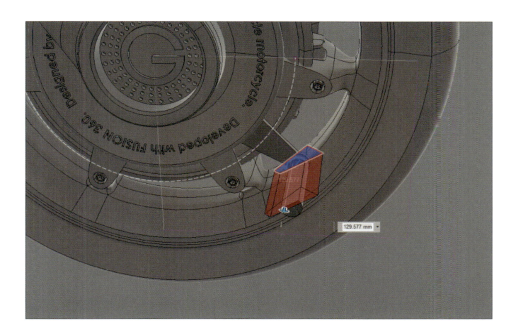

09 ツールバー＞修正＞フィレットを選択して、内側の下にフィレットを作成します。

10 ツールバー＞修正＞結合を選択して、オプションウィンドウのターゲットボディをステップに、ツールボディを今作成したオブジェクトにし、操作を切り取りに設定してOKボタンを押します。

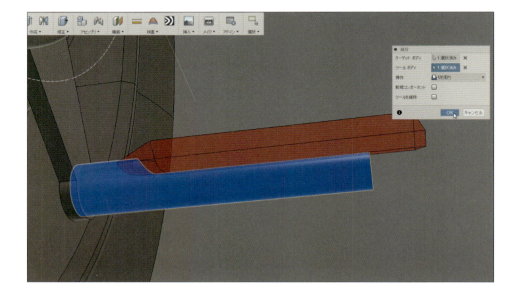

11 作成したステップとステーを結合します。
ツールバー＞修正＞結合を選択して、ステップとステーを結合します。

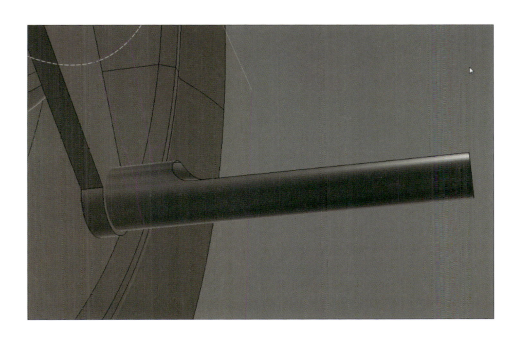

12 ツールバー＞修正＞面取りを選択して、末端にC面を作成します。その際、1度にできない場合がありますが、その場合は2度に分けて面取りを行います。

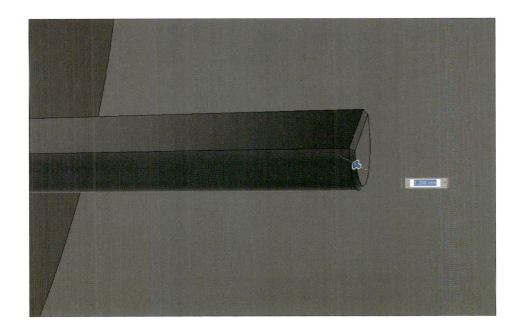

13 ツールバー＞修正＞フィレットを選択して、足乗せの切り欠きエッジにフィレットを作成します。

14 ツールバー＞修正＞フィレットを選択し、末端にフィレットを作成して完成です。反対側も同じように適用して完成です。

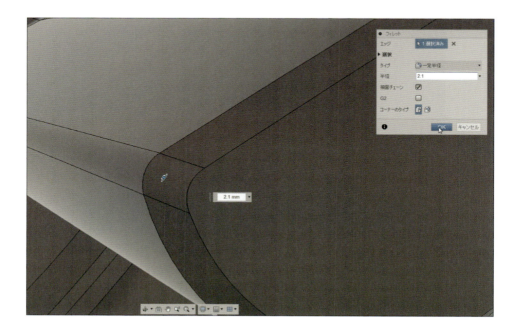

06-20 フェンダーの作成

プラットフォーム用のベーシックなフェンダーを作成します。まずは全体像を把握するためにクイックにモデリングします。

01 フェンダーの基準面を作成します。
モードを**スカルプト**に設定し、**ツールバー＞作成＞円柱**を選択して、タイヤ外径より少し大きいサイズの円柱を作成します。**オプションウィンドウ**で**直径**：820、**直径の面**：16、**高さ**：180、**高さの面**：2と設定して**OK**ボタンを押します。

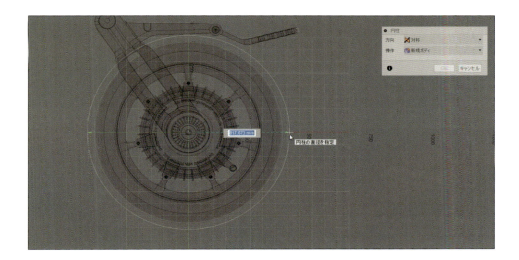

02 **ツールバー＞対称＞ミラー –内部**を選択し、適宜シンメトリーを設定します。
次に手前側の外周エッジを選択し、**Alt＋**スケールで内側方向に押し出しを行って側面を作成します。

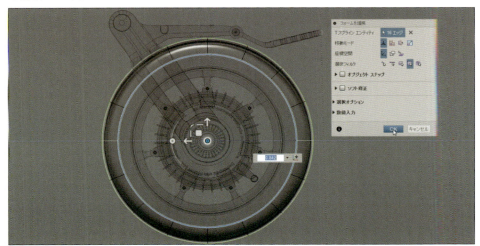

Chapter06: EV Unicycle - Cragonfly

03 角のエッジを削除してV字断面にします。

04 図の位置にエッジを挿入します。

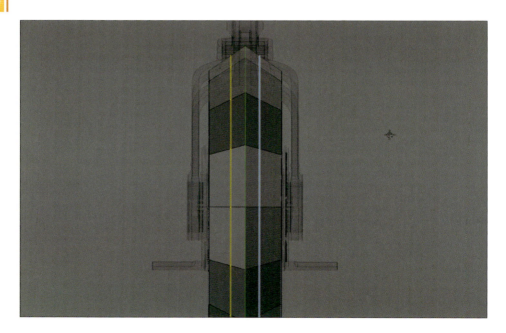

05 エッジを外側に移動して断面を調整します。
これで、フェンダーの基準面ができました。

06 板厚を作成します。
ツールバー＞修正＞厚みを選択して、**厚さ**を3mmに設定してOKボタンを押します。

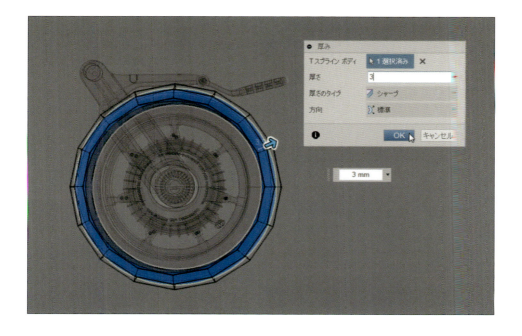

07 ツールバー＞フォームを終了を押してNURBSに変換し、スケッチでフェンダーを切り取る線を作成します。

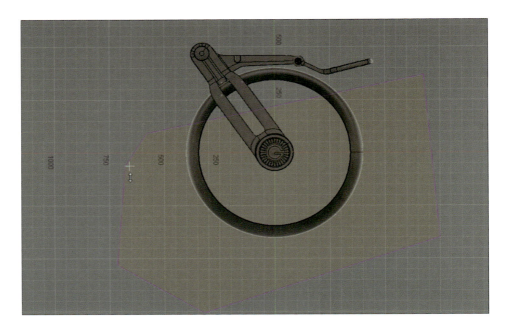

08 スケッチをツールバー＞作成＞押し出しで押し出します。その際、方向を対称、操作を切り抜きで両側作成します。

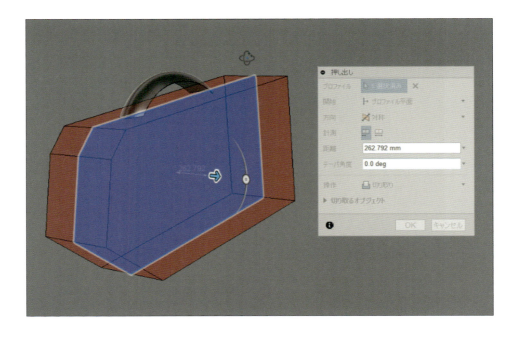

09 フェンダーのシルエットを調整します。**ツールバー＞修正＞フィレット**を選択して、厚みの部分をターゲットにして、角に大きなフィレットを作成します。

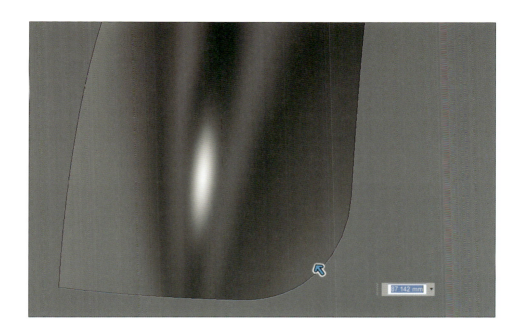

10 オブジェクトを半分にしてからミラー複製してもよいのですが、アールの数も少ないので両側同じサイズでフィレット作成してしまいます。

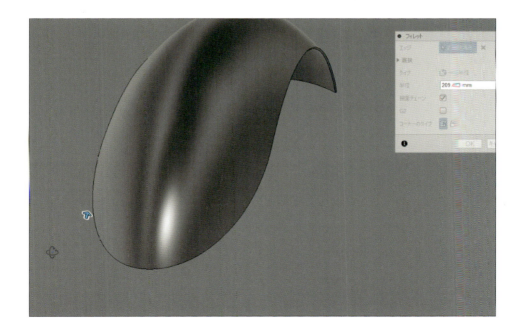

06-21 ハンドルの作成

円柱を押し出しの連続で作成していきます。細かなディテールもスカルプトで作成してしまいます。

01 **ツールバー＞作成＞円柱**を選択して、中心を揃えて円柱を作成します。**オプションウィンドウ**で**直径**：28、**直径の面**：16、**高さ**：250、**高さの面**：4として**OK**ボタンを押します。

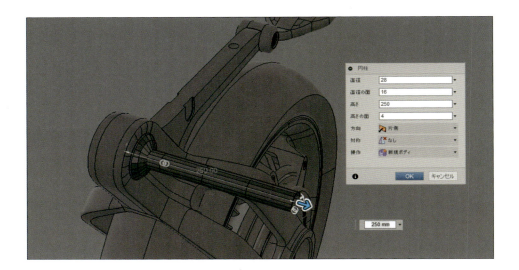

02 長すぎたので選択部を削除します。スカルプトは感覚的にデザインしながら形を玉成していくのでこのような場面がよくあります。それとは逆に数値で管理しながらのスカルプトも可能なところが他のソフトとの違いになります。今回はスケッチ感覚でモデリングしているため、数値での管理は行っていません。

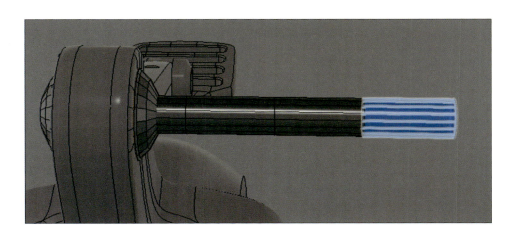

03 円柱の端を選択して、**フォームを編集**に入り、末端のエッジを選択して**Alt**を押しながら円の中心からスケールします。

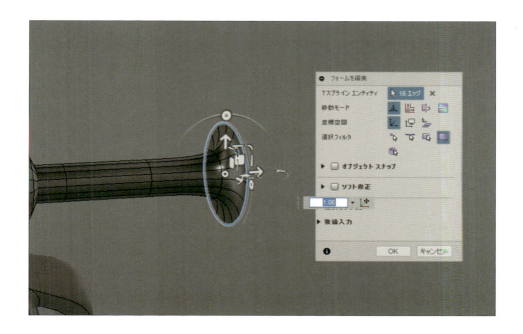

04 次に一度**Alt**をリリースし、再度**Alt**を押しながら外側に移動してハンドルより径の大きい円柱を作成します。

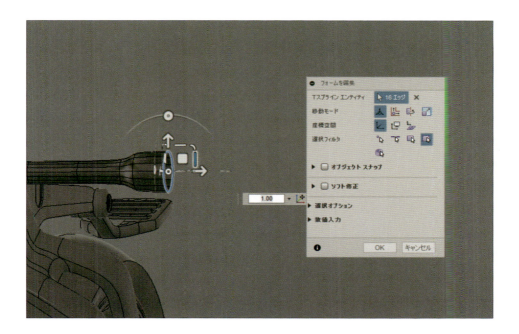

05 ボックス表示にします。図のエッジを選択して外側に移動します。次にグリップの根元にテーパーをつけます。ハンドルのモデリングのほとんどは**押し出し**、**スケール**、**移動**のコマンドで作れてしまいます。

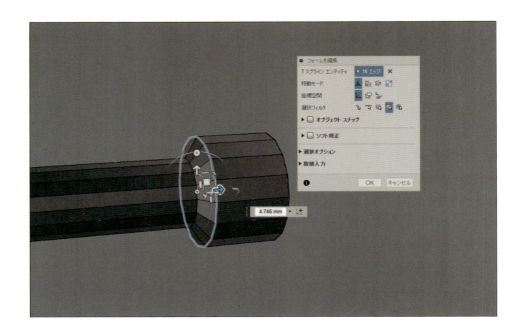

06 図のようにエッジを選択してグリップ部を**Alt**を押しながら内側に移動して押し出します。

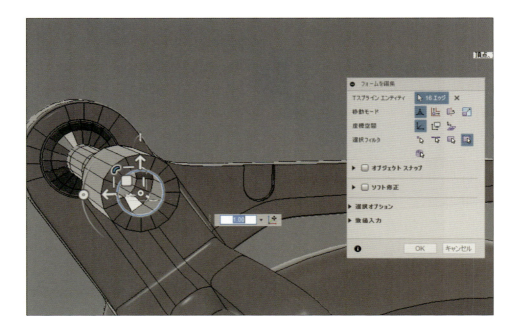

07 適度にグリップ面を押し出したら、今度はグリップエンドを押し出しで作成します。その際、**Alt**は押さずにスケールだけで円を小さくしてテーパーにします。

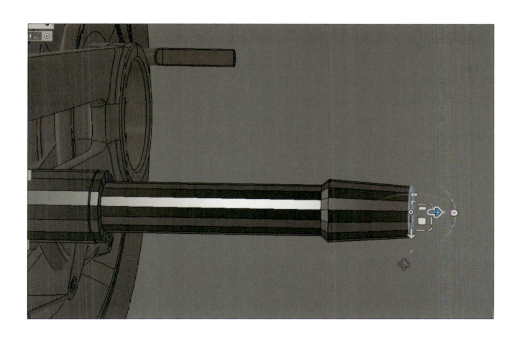

08 先端を整形し、**ツールバー＞修正＞穴の塗り潰し**を選択します。その際、オプションウィンドウの**穴の塗り潰しモード**はスターを塗り潰しを選び、**OK**ボタンを押します。

09 ツールバー＞修正＞エッジを挿入を行います。ここではオプションウィンドウの設定はデフォルトのままで問題ありません。

10 図の青色部分を選択しAlt＋移動で押し込むと凹断面ができます。周囲のエッジを折り目にするとスムース表示でも凹形状をキープできます。

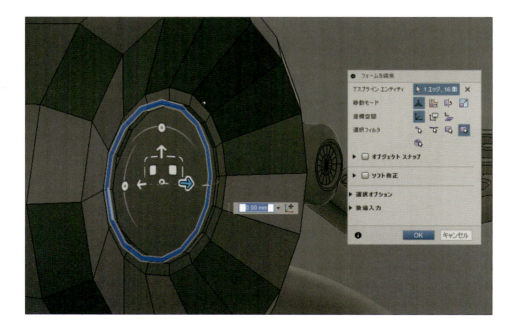

図のように**エッジを挿入**を行い、角Rの大きさを調整します。

12 | 角の部分はエッジを挿入して角Rにしたり、**折り目**でカチッと締めたり、**C面**にしたりとバランスを見ながら調整してください。

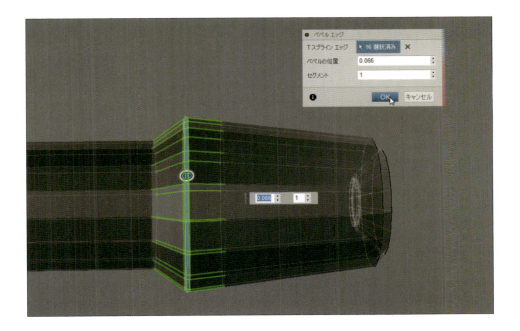

13 図のようにグリップ部分と、後から付けるスイッチ部分を作成しました。必ずしも同じように作る必要はありませんが、最低限スイッチ部分は作成しておいてください。
機能部は**折り目**や**面取り**で硬く見せて、グリップの手のあたる部分はエッジの挿入で柔らかいRで構成してみました。
スカルプトを使ったモデリングは有機的な形が得意ですが、機械的な機能部品もこうしたアプローチで作ることができます。

06-22 グリップのディテール作成

スカルプトの特性を生かしてディテールをクイックに作成します。

01 グリップ滑り止めの凸凹を作成します。
グリップの基本面は細かなニュアンスを調整し終えています。そこから滑り止めの凸凹を簡単に作成します。まず、グリップ部分にすでにエッジが入っている場合は、エッジを選択して削除します。次に、図のようにグリップ部分を選択して、**ツールバー＞修正＞再分割**を選択します。

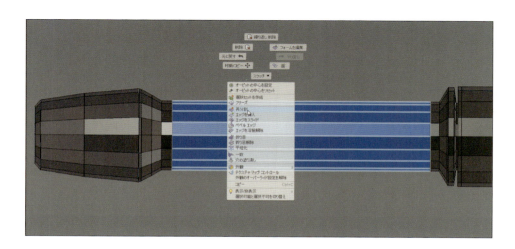

オプションウィンドウの指定にチェックを入れると長さと幅の面数を指定できます。
ここでは長さだけ均等に5分割したいので長さの面を5、幅の面は変えないので1と入
力してOKボタンを押します。

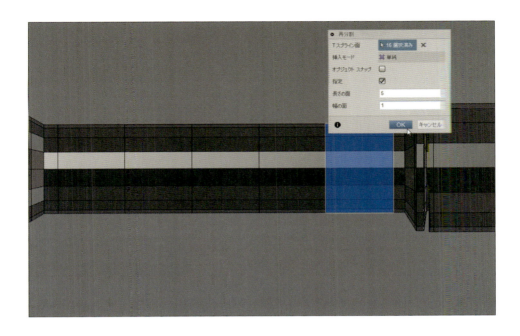

02 図のように分割面を交互に選択していきます。複数を選択したい場合はShiftキーを
押しながらクリックしていきます。

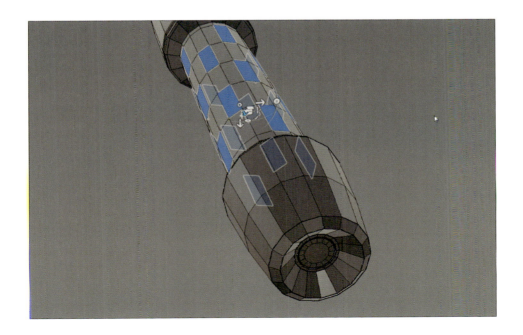

すべて選択したらAltを使って中心からのスケールで凸部を押し出します。

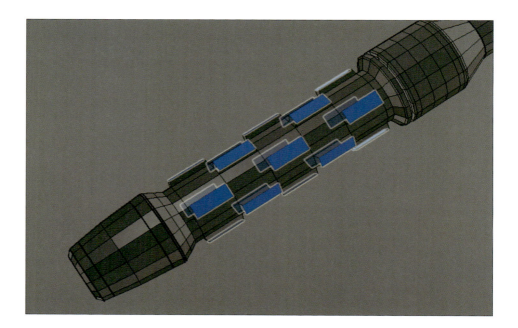

03 凸部はマニピュレーターの中心から法線方向に押し出しているので両側の立ち面がオーバーハングしています。左右方向のスケールで図のように両側の立ち面を中心側に傾けます。

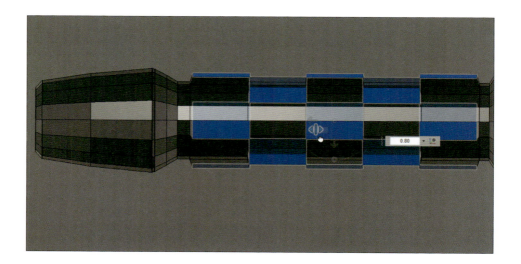

04 残りの立ち面は図のように一列ずつ選択して移動で角度調整を行います。

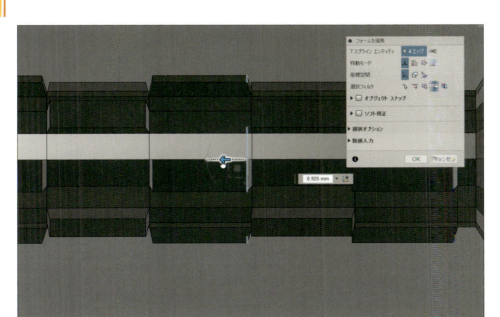

05 スムース表示で確認します。すべり止め凸凹の完成です。

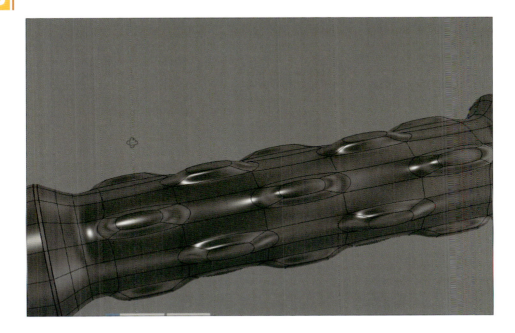

06-23 スイッチの作成

グリップ同様にスイッチのディテールを作成します。

01 グリップの内側にスイッチを作成します。図のようにエッジを挿入してスイッチのエリアを作成します。

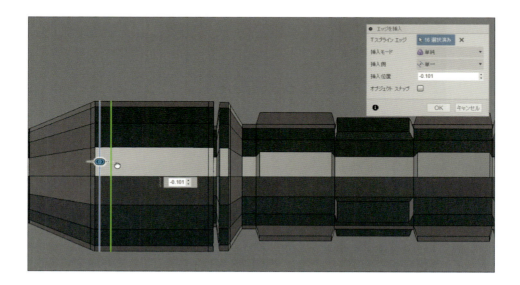

02 同様に反対側もエッジを挿入します。
折り目などでエッジが入りにくい場合は、作成したエッジを使ってもう一つのエッジを入れるようにしてください。

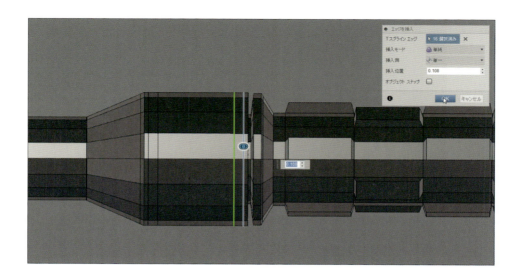

03 スイッチをつける面を選択します。**フォームの編集**の**オプションウィンドウ**で、**座標空間**のローカルを選択します。
面直（法線）方向に押し出しが可能になります。これはよく使うので覚えておくと便利です。

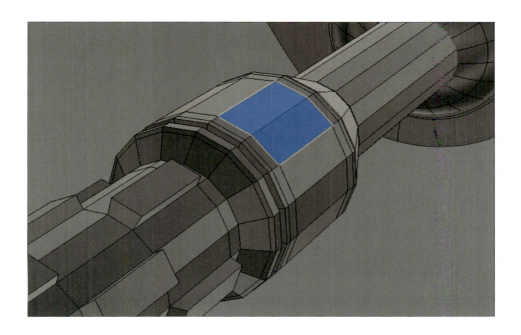

04 図のように**Alt＋**移動で押し出します。

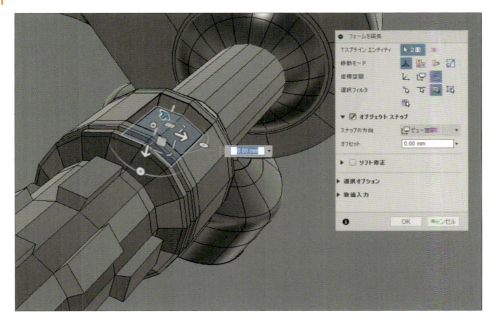

05 図のように、押し出した面の内側のエッジを選択して**折り目**を作成します。

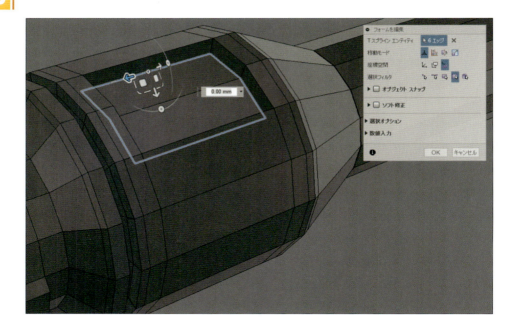

06 スムース表示で確認します。
エンボスのアウトラインが丸いので角Rを小さくしていきます。

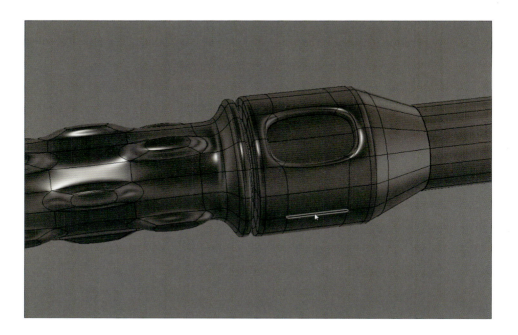

07 再分割するので、図の青色部分を選択して**ツールバー＞修正＞再分割**を選択します。**オプションウィンドウ**の**指定**にチェックを入れて **長さの面**は3、幅は変えないので**幅の面**は1とします。

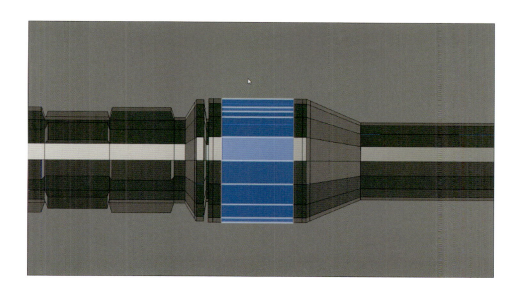

08 角Rの調整をします。
エンボスの立ち面にエッジを挿入して外周の角Rを小さくします。うまく入らない場合は、**挿入点**を使ってエッジを入れても問題ありません。

09 スイッチの作成をします。
ベース面中央のエッジを選択してエッジの挿入します。両側に0.35の距離で挿入します。

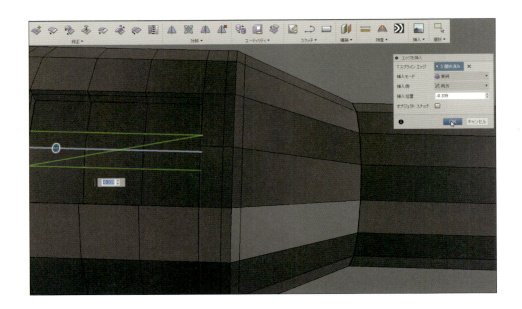

10 ツールバー＞修正＞挿入点で図のようにエッジを作成します。反対側も同様にエッジを作成します。

11 スイッチを押し出します。
図の青色部を選択して面直(法線)方向に押し出します。

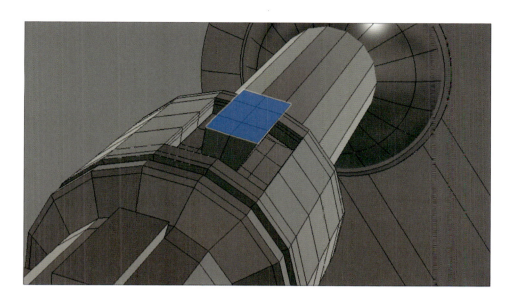

12 スイッチ形状の調整をします。
スイッチは法線方向に押し出されるので逆台形になっています。前後方向のスケールで台形になるように調整します

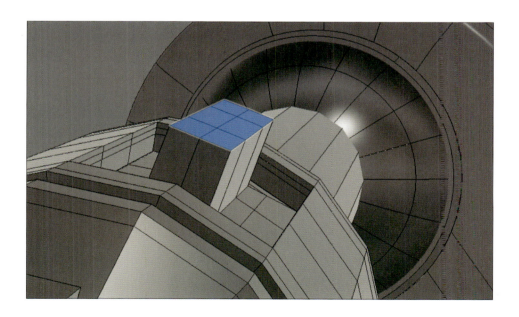

13 スイッチの根元付近にエッジを挿入してRを小さくします。うまくエッジが入らない場合は**挿入点**を使用してエッジを作成してください。

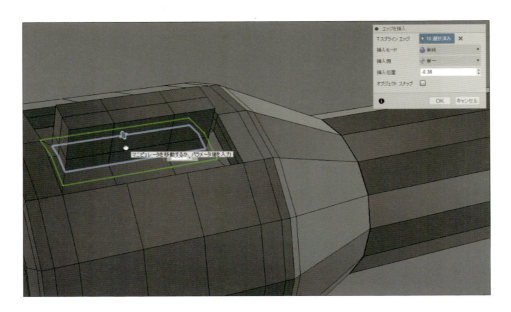

14 ハンドルを本体にセットします。
まずは、短くカットしてフレームにセットします。

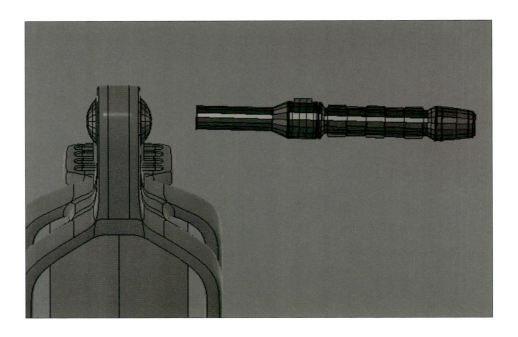

15 移動と回転で適正な位置にセットします。
反対側も**ツールバー**＞**対称**＞**ミラー – 複製**でオブジェクトをミラー複製して完成です。

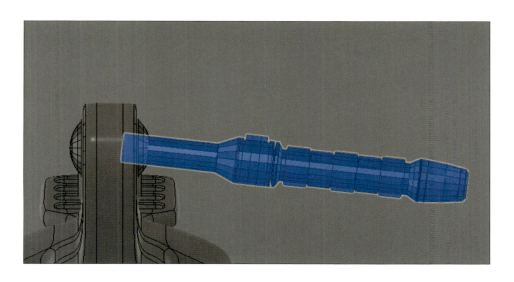

06-24 タンクストレージのボリューム 1

EVを想定しているのでガソリンタンクは必要ありません。このバージョンは新しいテクノロジーとバイクらしさをフュージョンがコンセプトなので、タンクはストレージにします。

01 **ビューキューブ**の**右**を選択します。次に**ツールバー**＞**作成**＞**直方体**を選び、**オプションウィンドウ**で**長さ**：500、**長さの面**：5、**幅**：250、**幅の面**：1 、**高さ**：250、**高さの面**：4で、おおよそのボリュームを作ります。

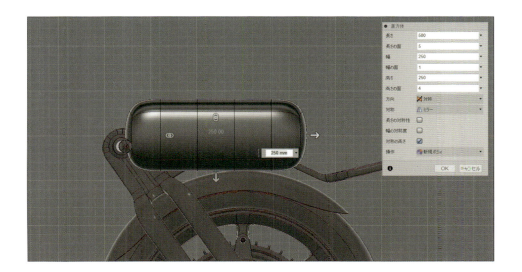

02 ボックス表示にして位置を調整します。

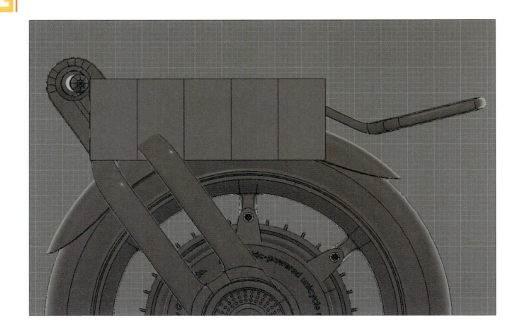

03 下側の面を選択してフレームの角度に合わせて後方に移動します。

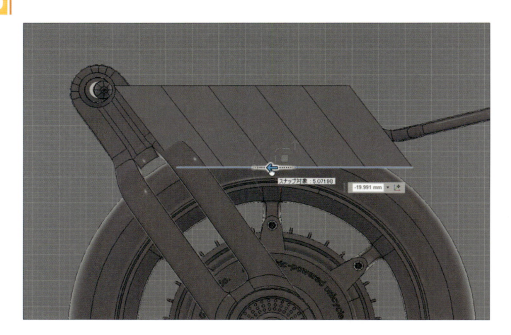

04 フレームと相関している位置から少しクリアランスを取ったところにエッジを挿入し、**ツールバー＞対称＞ミラー − 内部**を使用して適宜ミラー編集の設定を行ってください。

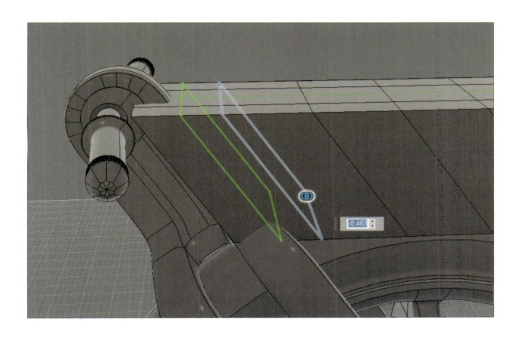

05 フレームとラップする部分を削除します。

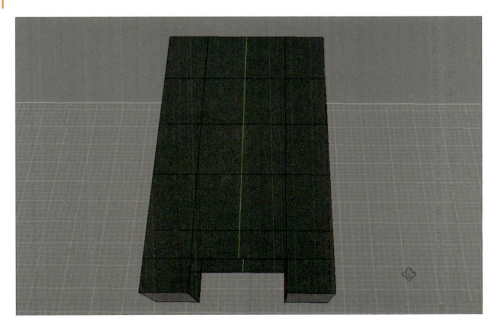

06 削除した面を埋めます。**ツールバー＞作成＞面**を選択して、一点ずつクリックして面を張ります。

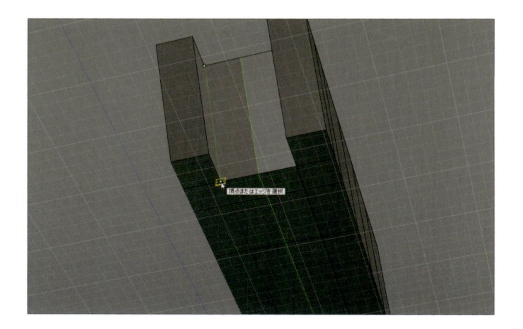

07 図のエッジを選択して下に移動します。

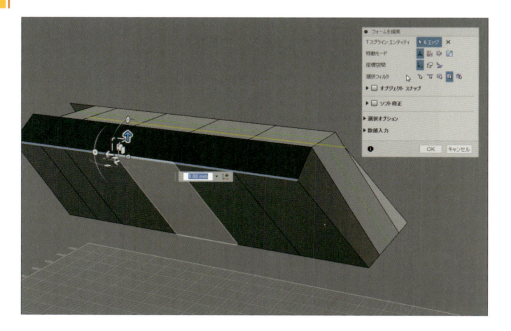

図のエッジを選択して前方に移動します。

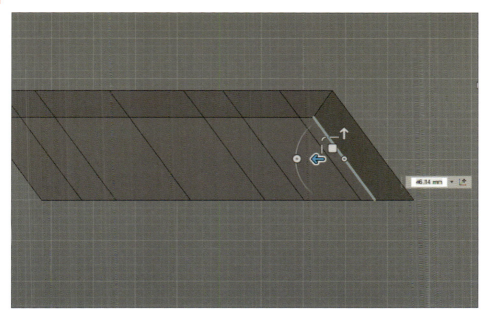

09 エッジのピッチを調整します。
図のようにエッジの間隔がほぼ均等になるようにエッジを前後方向に移動して、調整します。エッジのピッチや向きがバラバラだとスムースにしたときにテンションの掛かり方をコントロールできません。
規則性を崩さないことが綺麗な曲面につながります。

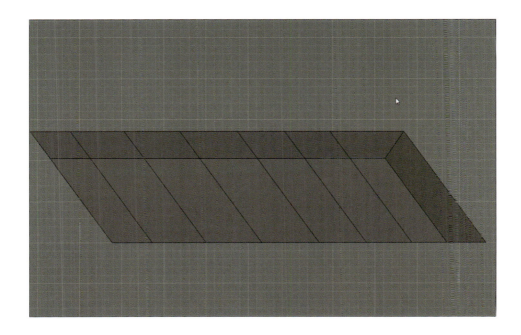

10 挿入点を使い、エッジを挿入して図のように内側の面と下側の面を削除します。
また、側面の中間などにエッジを挿入して外側に膨らませ、形を整えます。

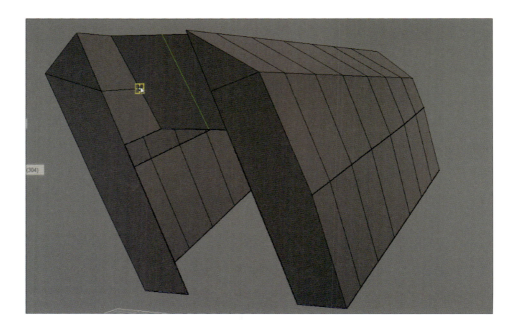

11 下端エッジを選択してマニピュレーターのピボットを後端にセットします。
シートブラケットの角度と同じになるように回転します。

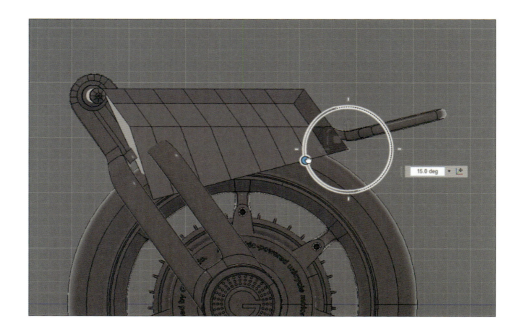

> **ヒント** ピボットの設定
>
> ピボットの設定方法はマニピュレーターが出た状態で、数値入力の横にあるアイコンを押すことによって設定可能になります。

ピボットを後端にセットしたまま前後方向のスケールで縦の角度を揃えます。

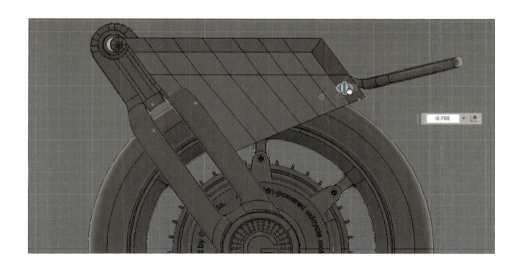

06-25 タンクストレージのディテール 2

タンクのボリュームが決まったら下部にキャラクターになる部分を作成します。ここから少し手数が多くなります。画像のエッジの配置を参照しながら作業を進めてください。

01 断面の調整をするので、図のエッジを選択し、外側に移動して断面を作ります。シートブラケットのジョイント部と相関する面を削除します。

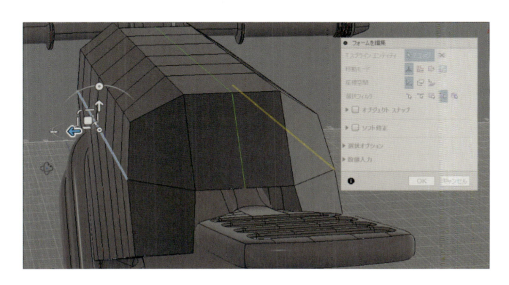

02 キャラクター線を入れたいので暫定的に折り目を作成します。

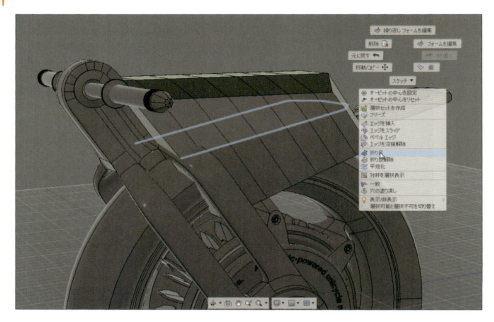

03 前端のエッジを下げてシルエットを調整します。
その際、余計なエッジがあったら削除してしまいます。

中心から両側にエッジを挿入します。

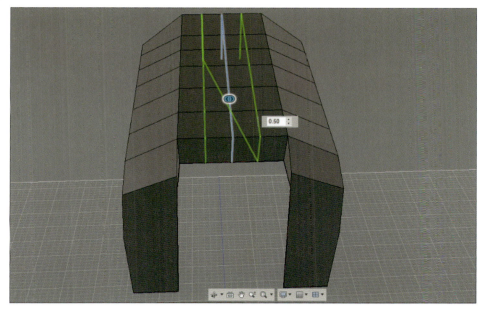

05 シートブラケットとの相関面に 挿入点 で図のようにエッジを作成します。エッジの内側を削除してください。

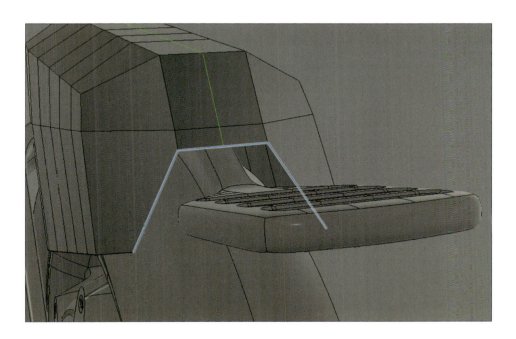

06 フレームとのクリアランスを調整します。
図のエッジを選択して移動で中央に寄せ、フレームとのクリアランスを調整します。

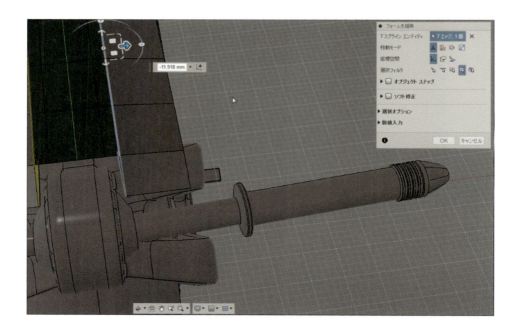

07 エッジの調整を行います。
エッジがフレームに干渉している場合、**挿入点**を使い、新しいエッジを作成して古いエッジを削除します。

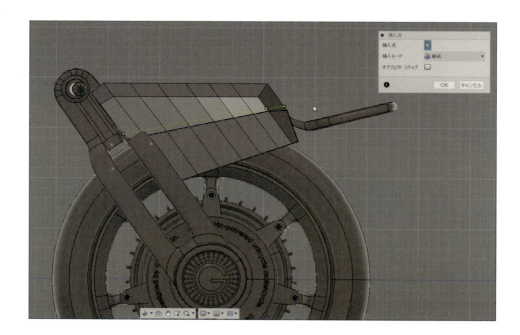

図のように上から見て前端を絞り込みます。

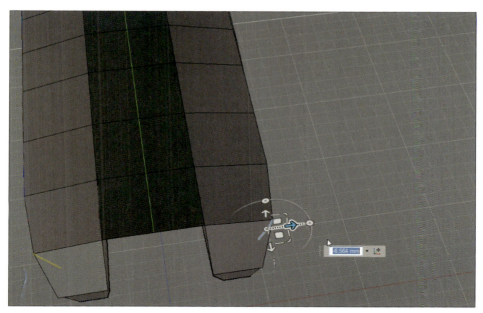

サイドビューでの調整をします。
センターのエッジを1つずつ動かしてシルエットに丸みをつけていきます。

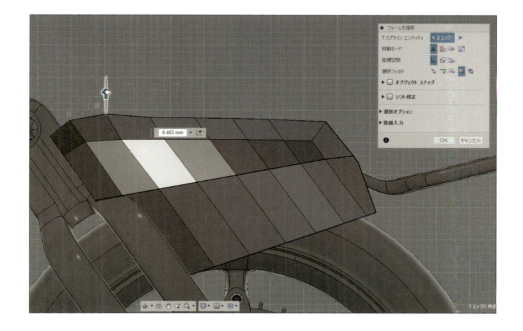

10 サイドビューのシルエットを調整後、再度エッジを調整をするので、図のように新しいエッジを側面に挿入します。

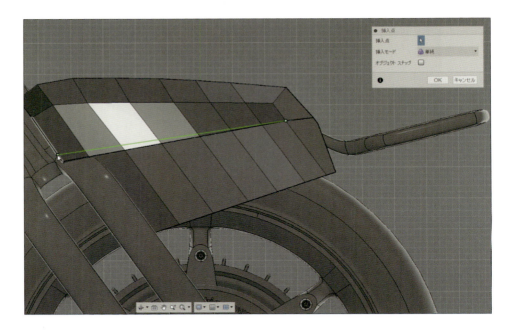

11 フロントビューから見てフレームを避ける位置に挿入点でエッジを作成して、古いエッジは削除します。

12 図のようにフレームをかわす位置にエッジを挿入します。

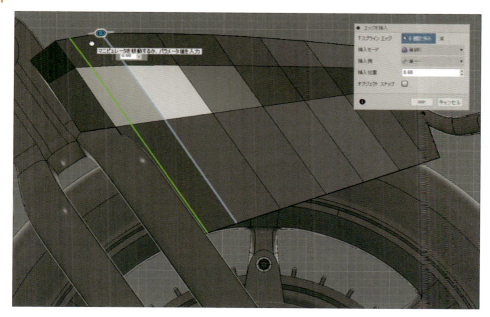

13 古いエッジの削除と、フレームに干渉している面の削除を行います。

14 メインのエッジの下に陰面を作りますので、挿入点を使ってもう一本エッジを挿入します。

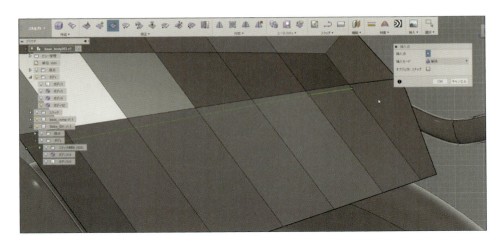

15 挿入したエッジの後端にマニピュレーターのピボットを移動して左右方向のスケールで図のように断面を作成します。

16 陰面のRの調整を行います。
陰面のRの大きさを調整するためにR止まりにエッジを挿入します。

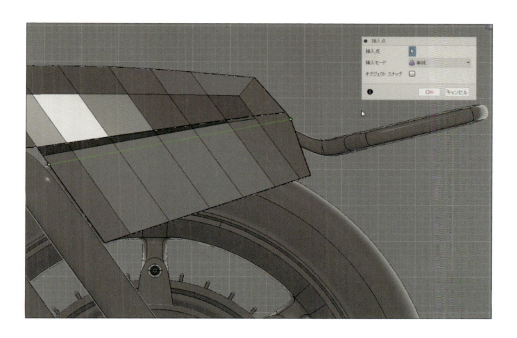

17 挿入点を使ってタンクの後ろ側のエッジを繋げます。

18 基本ボリュームの完成です。スムース表示してから、**ツールバー＞ユーティリティ＞均一化**でテンションを均一化します。

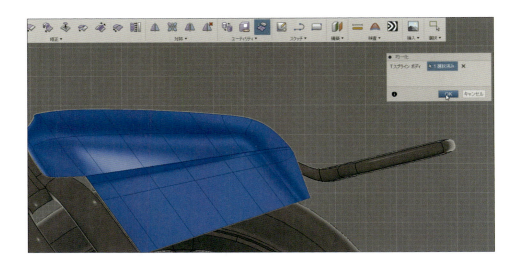

06-26 4面図でエッジ構成を確認

前節で全体の形はできましたが、ここではそこから細部のエッジを作り込んでいきます。スカルプトは感覚的にモデリングしていきますが、基本は図面的に見てそれぞれのビューの関係性が整っていることが大切です。規則性を崩さない意味は規則から外れた部分がすぐにわかるからです。エッジの方向に規則性がないと修正に時間が掛かりますし、テンションの掛かり方も均一になりません。規則性を守ったスカルプトモデリングをそれぞれのビューで紹介します。

サイドビュー

縦のエッジの傾きとエッジとエッジの間隔に規則性があります。エッジが綺麗に整列していることが大事です。

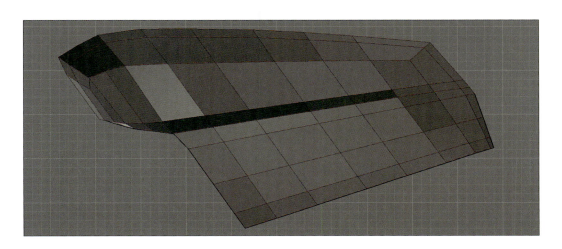

フロントビュー

サイドビューのエッジに規則性があるとフロントから見ると断面線として見ることもできます。
青色部は内側にフランジを作成しています。

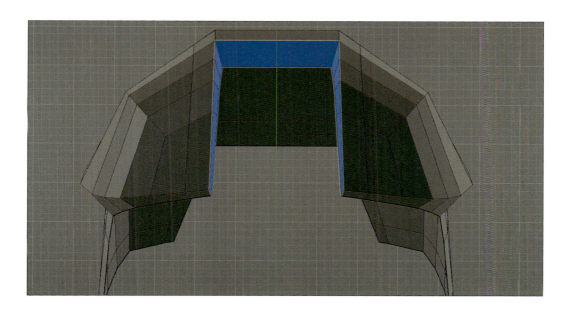

トップビュー

トップビューも同様で、縦のエッジの傾きとエッジとエッジの間隔に規則性があります。エッジが綺麗に整列していることが大事です。

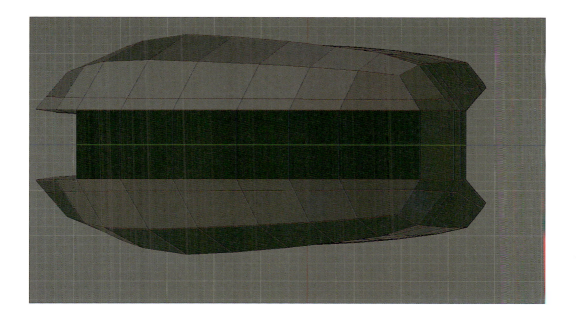

リアビュー

リアビューもフロントビューと同じで断面として確認していますので、不具合があればすぐにわかります。

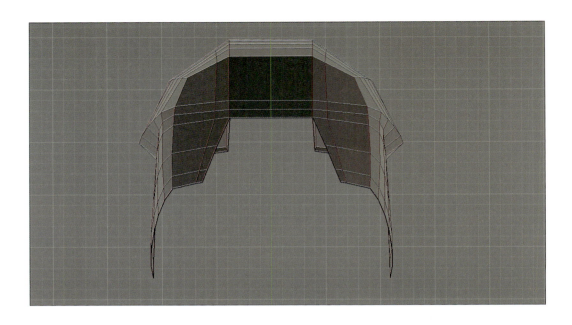

Rの調整

図の位置にエッジを挿入してRを調整しています。

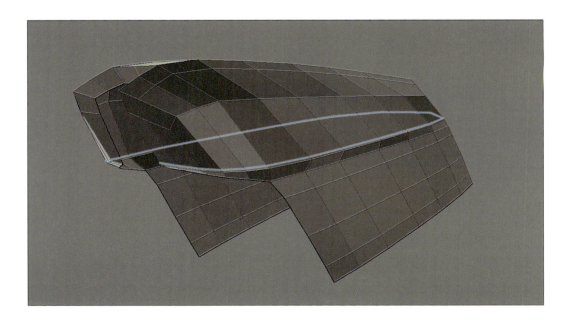

また、下図の位置にエッジを挿入してRを調整しました。

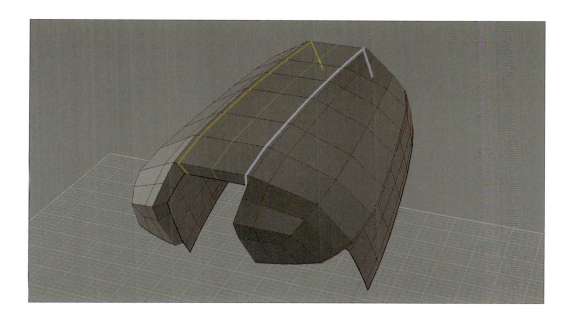

■ ハイライトのチェック

ツールバー>**検査**>**ゼブラ解析**でハイライトのチェックをします。規則性を崩さないモデリングはハイライトのチェックをしても綺麗なゼブラ状態です。

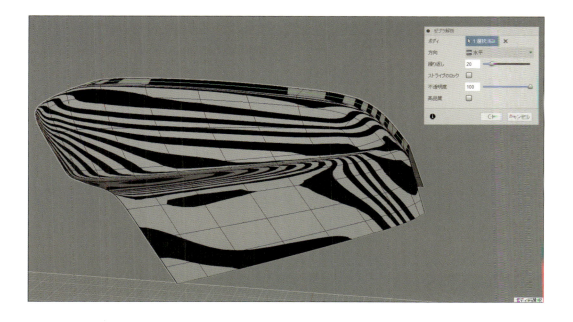

サイドビュー

基本面の完成です。

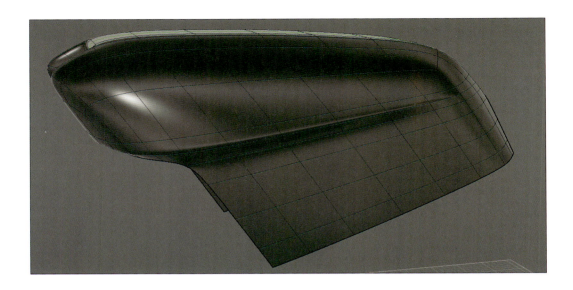

06-27 エアーアウトレット

このパートはディティールを作る上で大変重要なポイントになります。基本の考え方が理解できれば色々なパターンに応用できます。

01 基本となるエッジを作成します。
挿入点で図のように側面にエッジを描きます。

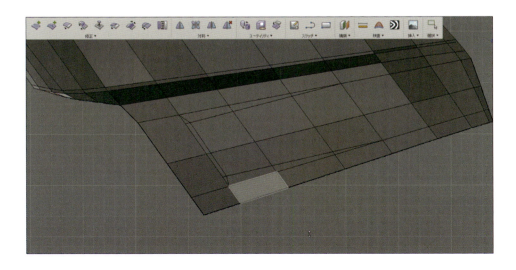

続けて、選択範囲を削除して穴を作成します。

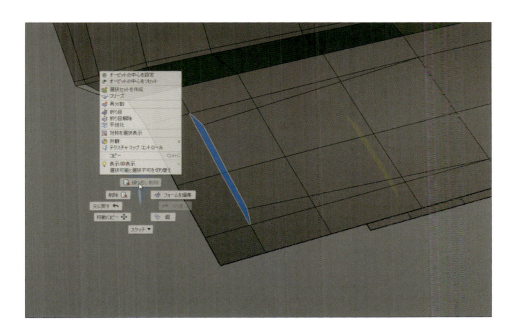

02 ディテールを作成します。
選択したエッジを奥に移動して断面を作成します。

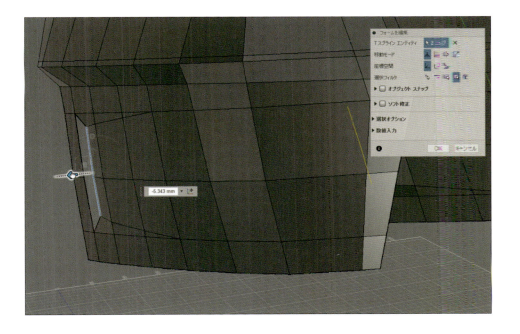

同様にエッジを移動します。

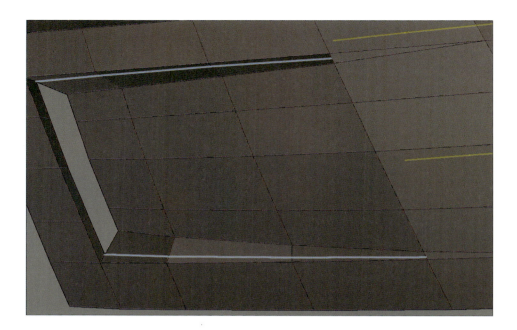

エッジを選択して押し出します。

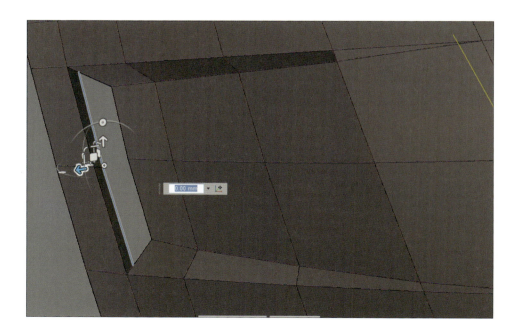

03 溶接を行います。

ツールバー＞修正＞頂点を溶接を選び、溶接するポイントを選択します。その際、**オプションウィンドウ**で**溶接モード**を頂点から頂点として、結合します。

エッジを押し出した交点付近に図のようにエッジを挿入します。そして2点を溶接します。

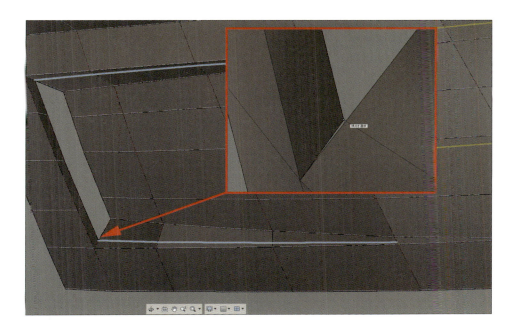

水平のエッジを断面線としてスムースに流れるように変化させます。

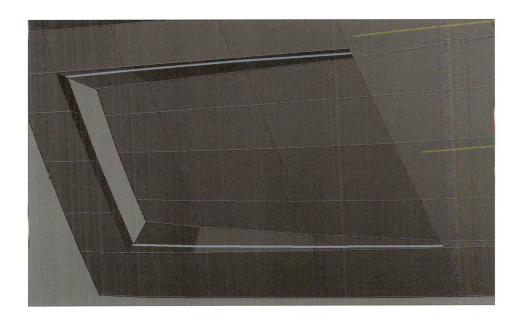

04 スムース表示で確認します。
ディテールはこのように面上にエッジを描いて断面を押し込んでいけば簡単に作成することが可能です。

05 最後に厚みを作成します。
ツールバー＞作成＞厚みを選び、**オプションウィンドウ**で**厚さ**を5に設定して**OK**ボタンを押します。
うまく厚みが一定にならないところがある場合は**フォームを編集＞移動**で調整してください。

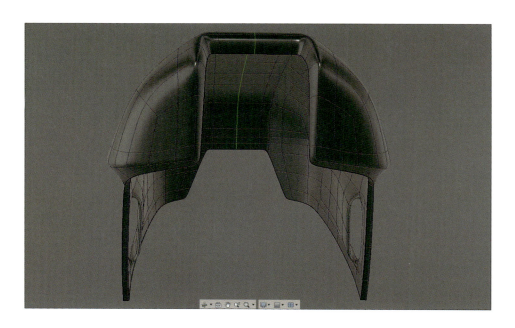

06-28 シート・基本骨格の1

シート部はシートカウルとクッション部分で構成されます。まずはシートカウル部分から作成します。

01 **ビューキューブ**の**右**を選択して**ツールバー＞スケッチ＞線分**で図のような角度で線を作成します。

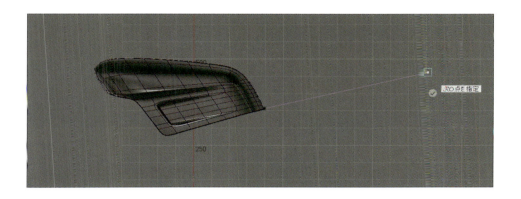

02 ベース面を作ります。
ツールバー＞作成＞押し出しを選び、線から押し出しで平面を作成します。オプションウィンドウで**面**：8、**方向**：対称、**エッジの折り目を維持**にチェックを入れて**OK**ボタンを押します。

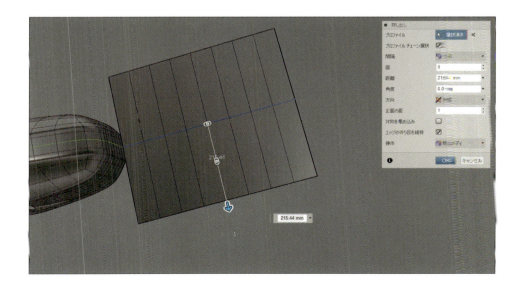

03 ツールバー＞対称＞ミラー – 内部でシンメトリーにし、図のように挿入点を使いシートの形に成形します。

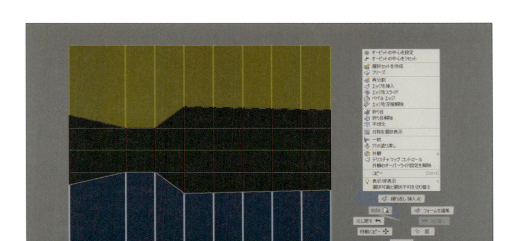

04 Altを押しながら側面を選択し、押し出しで厚みをつけます。その際、前後の面ができた場合は削除しておきます。

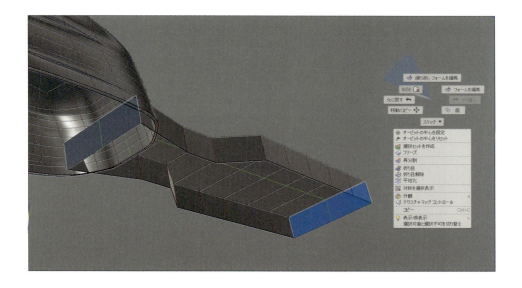

05 図のように何度か再分割を行い、側面を3分割に、上面を2分割に成形します。
作業中、エッジがうまく入らない場合は一旦エッジを選択して削除してから、再分割してください。

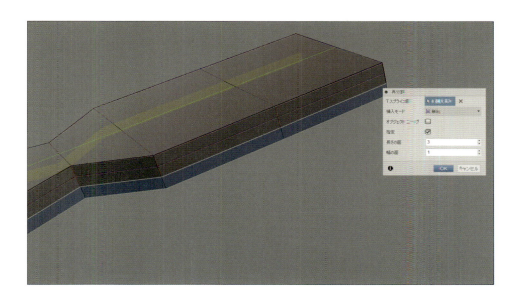

06 図のように上面のエッジを選択して内側に移動します。

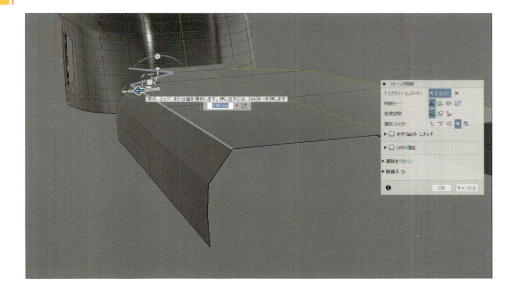

07 シートバックを作ります。
後方の上面を押し出し、図のようにシートの背もたれを作成します。その際、上面を押し出す場合はシンメトリーでの編集になっていますが、片方だけを選択せずに両面を選択するようにします。そうしないと真ん中でエッジが分かれてしまいます。

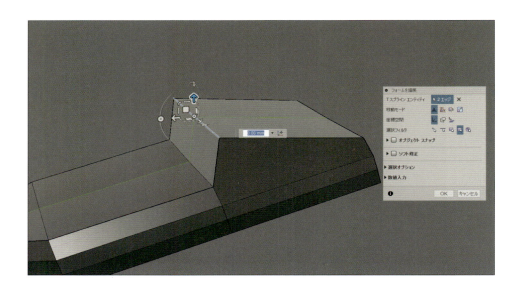

図の後方のエッジを選択して、内側に移動します。

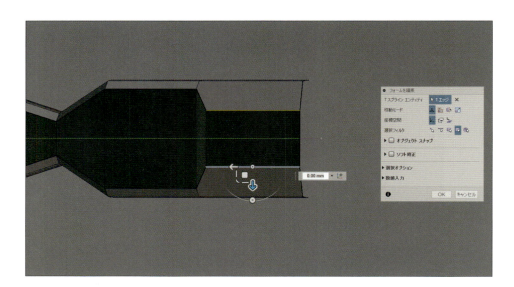

図のように前側のエッジを選択して、上側に移動します。

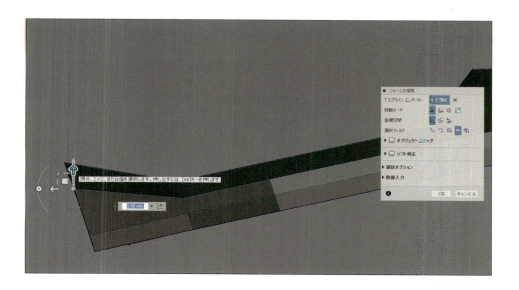

08 図のように稜線を選択して**折り目**を作成します。

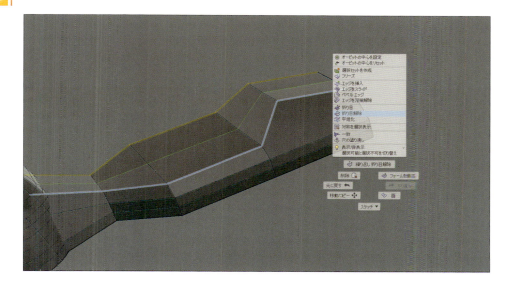

09 エッジの挿入を行います。
ツールバー＞修正＞エッジを挿入を選択して、図のように中心のエッジからエッジを追加します。

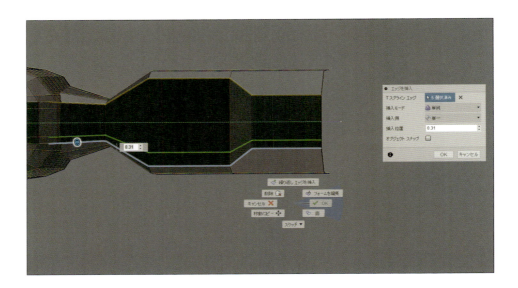

ツールバー＞修正＞挿入点でエッジを作成します。

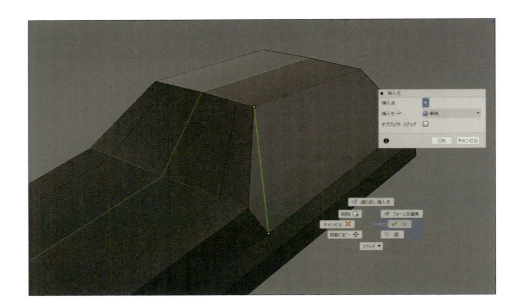

シートバックの構成を変えます。図のようにテンションが回るように挿入点でエッジを入れ替えたり、エッジを削除したりして成形します。

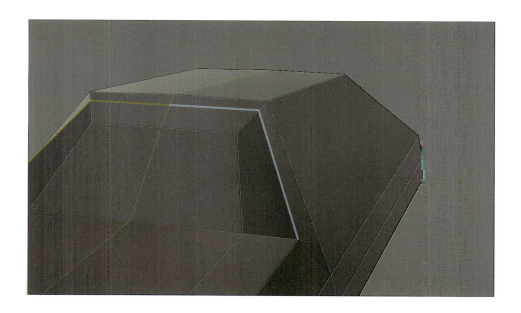

10 Rの調整を行います。
ツールバー＞修正＞エッジを挿入を選び、シルエットのRを調整します。

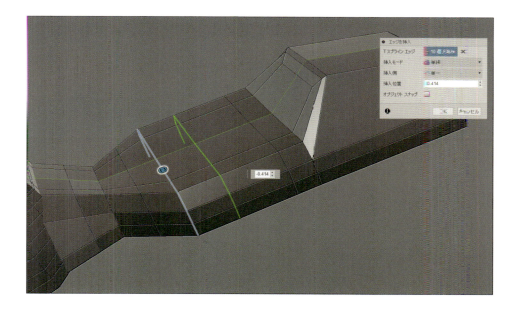

06-29 シート・基本骨格 2

シートカウルの後端を塞ぎますが、輪郭を先に決めてしまい中側を埋めていきます。

01 リアエンドを作成します。
まずは、リアのエッジを内側に移動します。

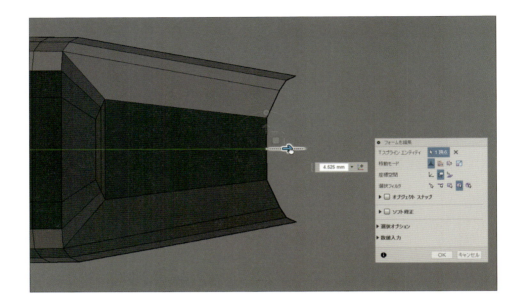

02 選択したエッジから押し出しで面を延長したら、左右をブリッジで繋ぎます。**オプションウィンドウ**の**面**は2に設定しておきます。

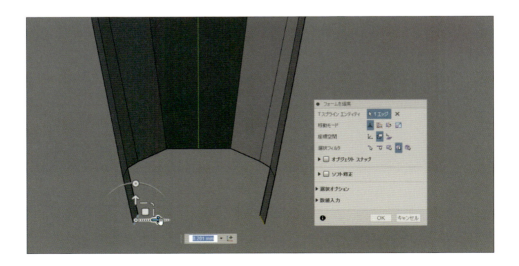

03 角度調整をします。
サイドビューで角度が同じになるようにエッジを上下します。

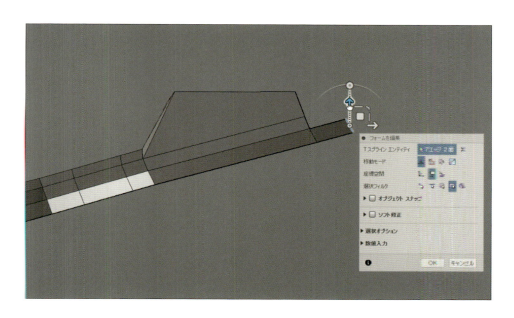

04 シルエットの調整を行います。
ビューキューブで**上**から見て調整します。

05 選択したエッジから上方に押し出します。

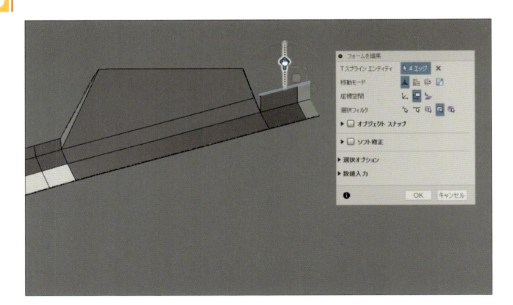

06 ツールバー＞修正＞頂点を溶接で点を結合します。

07 面を張ります。

ツールバー＞作成＞面を選び、頂点を選択していきます。**オプションウィンドウの側面の数**は五角形のアイコンにしておきましょう。

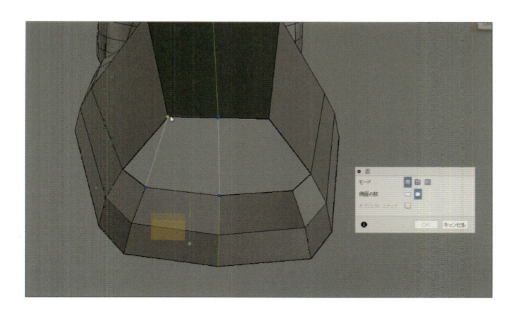

08 エッジの編集を行います。

ツールバー＞修正＞挿入点を選び、分割を編集します。図のように挿入点で作成します。

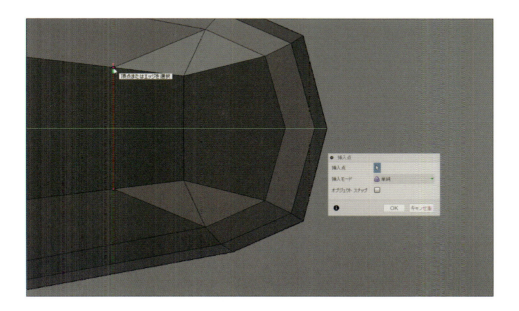

不要なエッジを削除します。

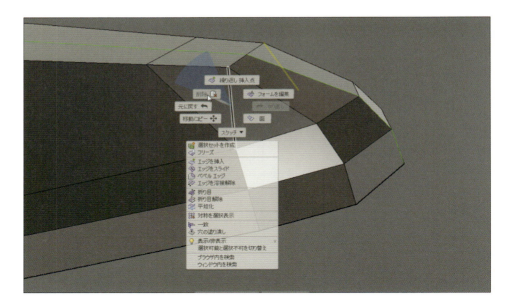

09 **ツールバー＞修正＞挿入点**でエッジを作成します。

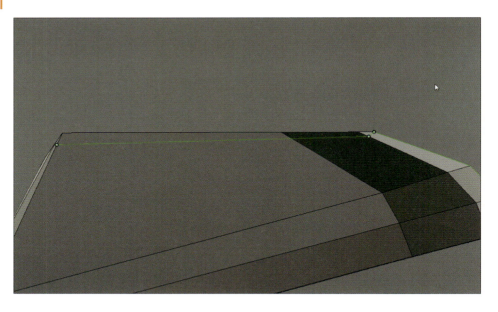

10 挿入したエッジを残して、元の稜線を削除すると上面に角度がつきます。

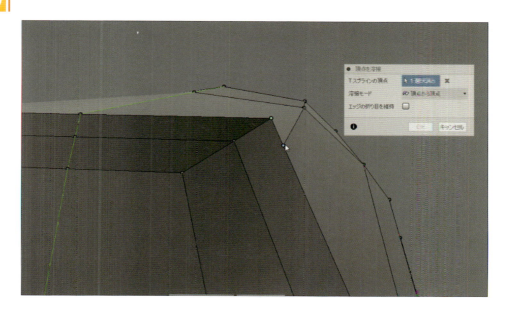

11 不要なエッジを削除するため、**ツールバー＞修正＞挿入点**で図のようにエッジを作成します。また、必要のないエッジや頂点は削除しておきます。

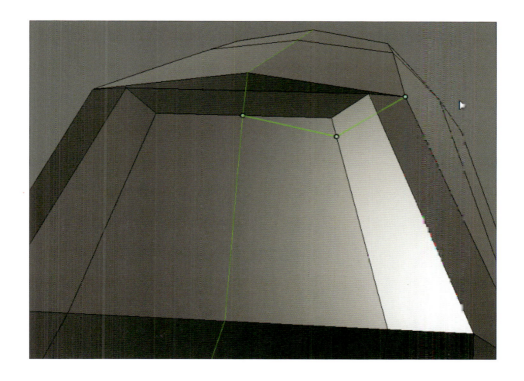

12 ツールバー＞修正＞挿入点やエッジの削除などを行い、構成を調整します。

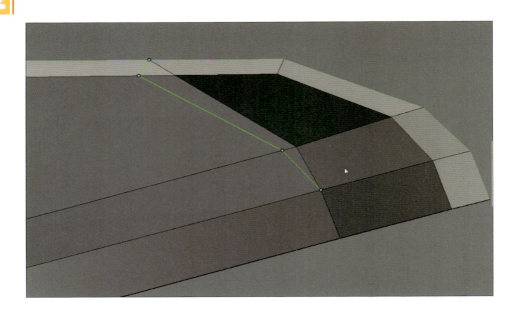

13 スムース表示で確認します。綺麗な構成はスムースな曲面を生成します。

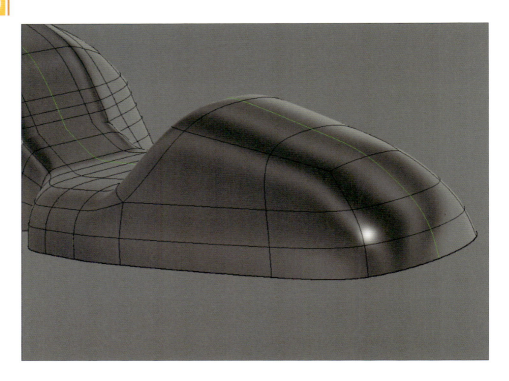

14 クッションを分割します。
ツールバー＞修正＞挿入点でエッジを作成し、クッションとの分割線を入れていきます。

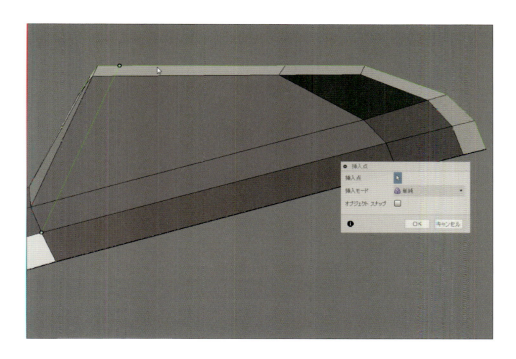

15 図のように、不要なエッジは削除します。

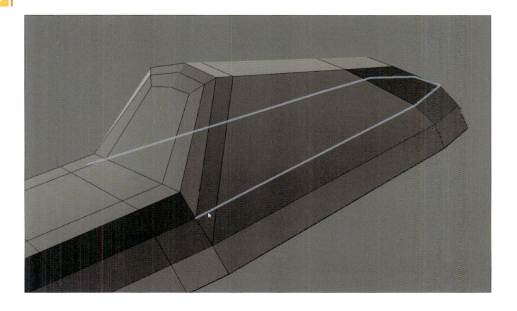

16 下端のエッジを中側に移動します。その際、エッジのバランスが崩れますが、修正して自然なラインを作るようにします。

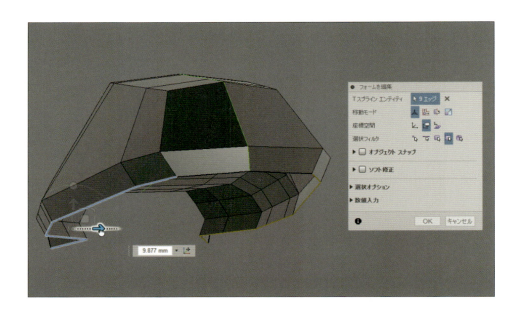

17 側面にエッジを追加して完成です。
エッジの位置や流れをよく観察してみてください。

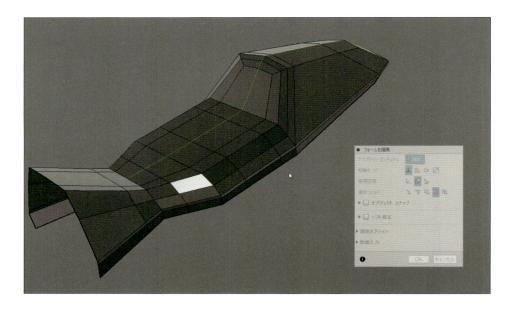

06-30 シート・基本骨格 3

シートカウルのフランジ面を作成します。

01 図の選択部位をコピー&ペーストします。
ブラウザ>ボディにコピー&ペーストしたオブジェクトが追加されたかどうか確認しておきます。

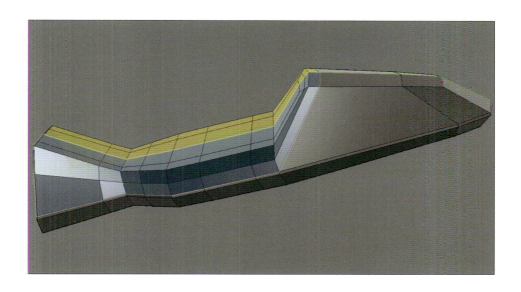

02 コピーしたオブジェクトは非表示にして、オリジナルのクッション面は削除します。

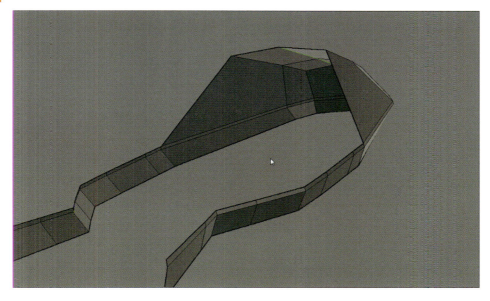

03 ビューキューブを前にし、図のようにエッジを中心方向に押し出します。

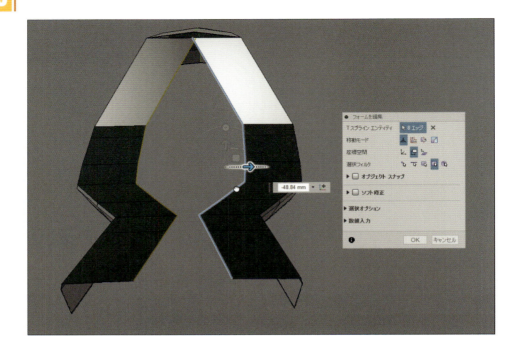

04 ツールバー＞修正＞ブリッジで繋ぎます。隙間は溶接で結合します。
溶接モードは頂点から頂点を選択し、ブリッジした点をカウルの頂点に溶接します。

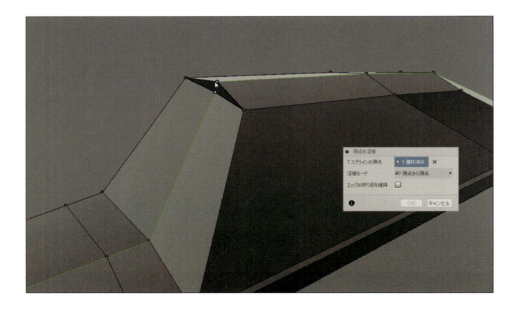

図のようにエッジを中心方向から押し出します。

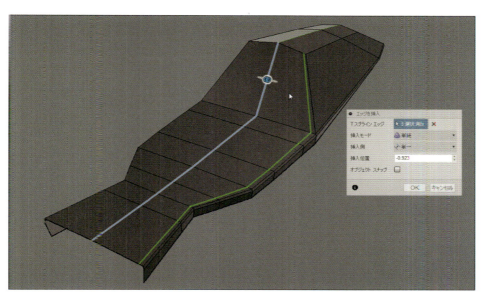

 図のように挿入点でエッジを内側に2本作成します。その際、不要なエッジを削除しておきます。

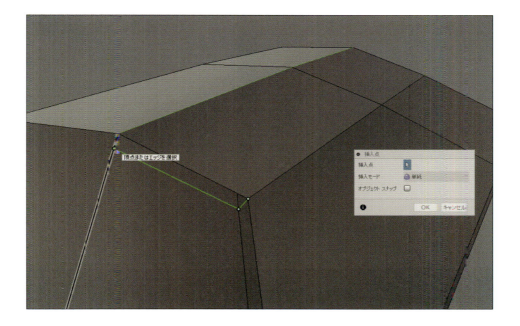

07 下図の選択部位をコピー＆ペーストします。

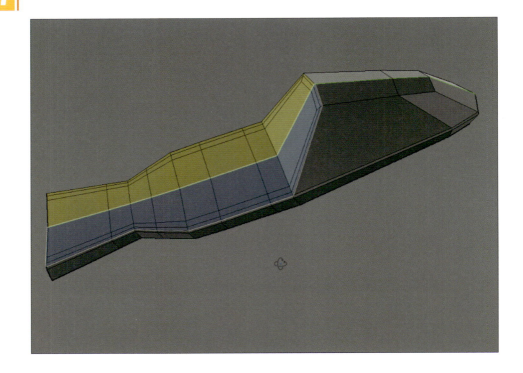

08 オリジナルのオブジェクトは非表示にしておき、コピーしたオブジェクトの選択範囲を削除します。

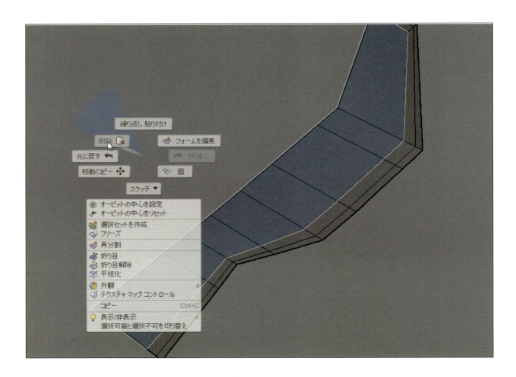

ツールバー＞対称＞ミラー - 複製でミラーでの編集を行います。

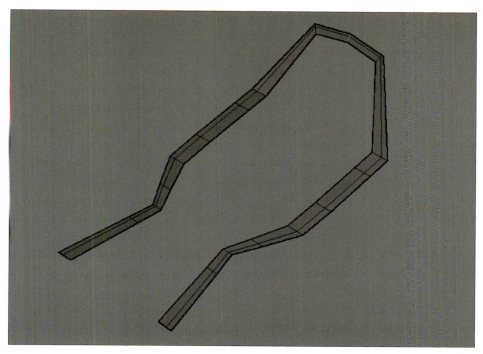

10 エッジの結合を行います。
クッションのパーツを表示し、**ツールバー＞対称＞ミラー - 複製**を行っておきます。次に、**ツールバー＞修正＞エッジの統合**を選び、エッジを選択します。**オプションウィンドウ**の**エッジグループ2**のタブを選択して、再度エッジを選択して、**OK**ボタンを押します。うまくできない場合は、エッジを一つずつ選択して**エッジの統合**を行ってください。

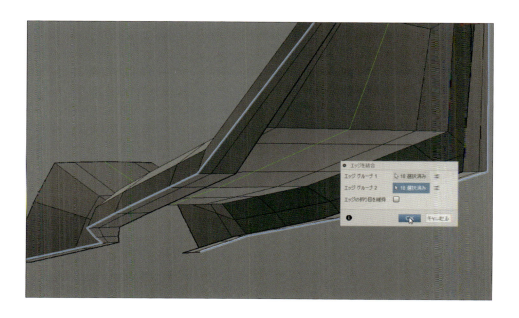

11 ベースとクッションを両方表示します。パーツ分割の合わせ面が綺麗に合っています。重なる部分を共用すると末端を綺麗にコントロールできます。

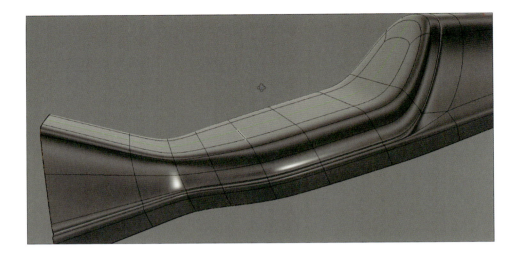

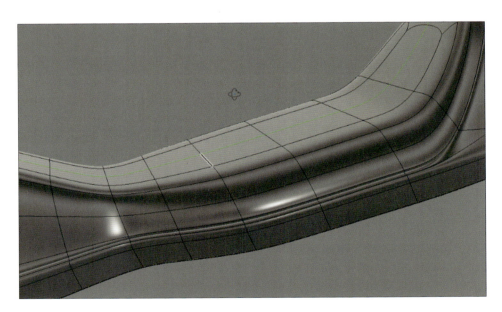

06-31 シート・クッション

シートのクッション部を作成します。引き込みの断面も作成してシートらしさを表現してみます。

01 調整を行います。
挿入点でくの字をストレートにします。

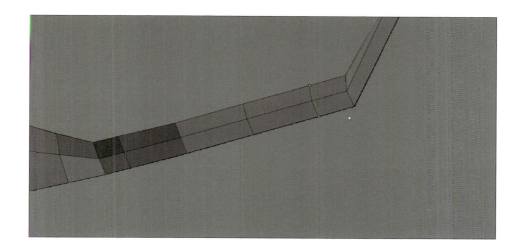

02 V溝の作成を行います。
中心となるエッジに対して2本のエッジを入れ、3本のエッジの真ん中を選択します。

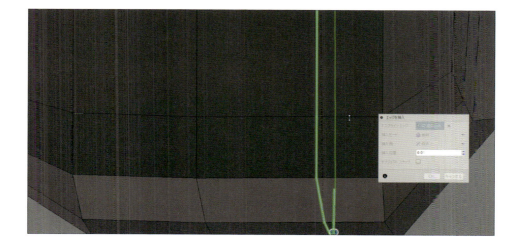

03 マニピュレーターのピボットを下端にセットし、下方向にスケールします。また、底辺のエッジの頂点は真ん中のポイントに溶接を行います。

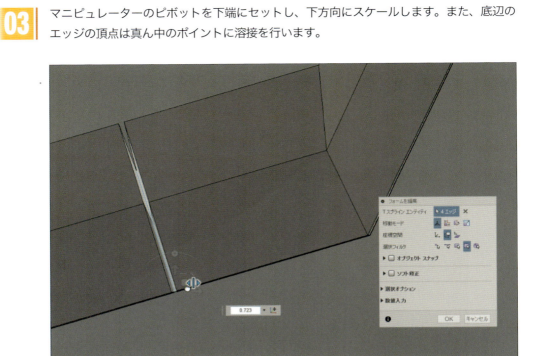

04 他の箇所も同様に行います。

全体をスムース表示で確認します。シートクッションの引き込みの完成です。

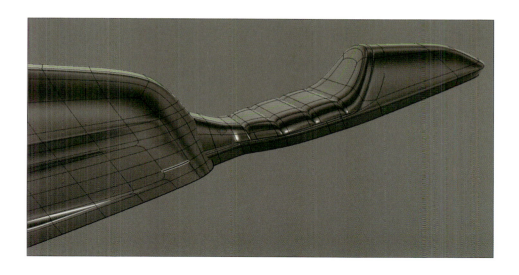

06-32 メーターユニット

メーターユニットを作成します。シンプルな円形メーターを押し出し、スケールでクイックにモデリングしていきます。

01 元になる円柱を作ります。
ツールバー＞作成＞円柱を選び、**オプションウィンドウ**から**直径**：130、**直径の面**：16、**高さ**：50、**高さの面**：3、**対称**をミラー、**幅の対称度**にチェックをして、**OK**ボタンを押します。

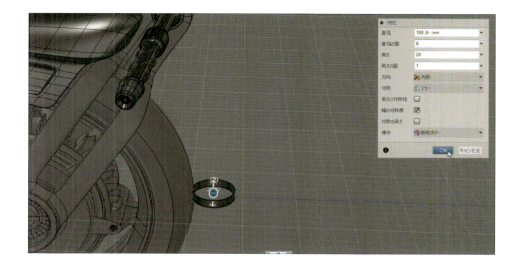

02 外周エッジから**Alt**を使ってスケールで内側に押し出し、**ツールバー＞修正＞穴の塗り潰し**を行います。その際、**オプションウィンドウ**の**穴の塗り潰しモード**はスターを塗り潰しにします。

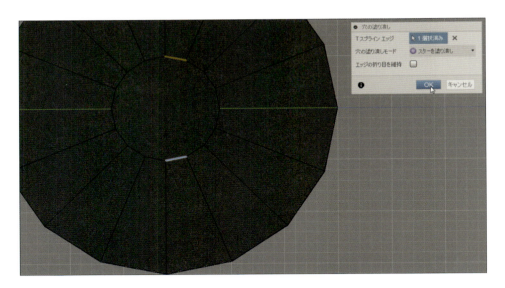

03 図のようにエッジを2本挿入します。

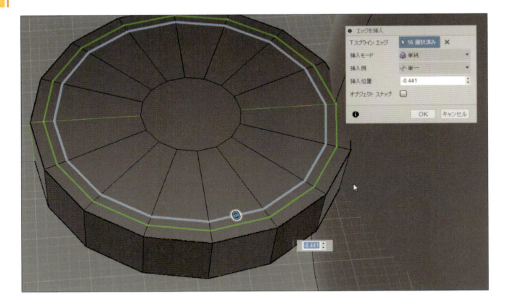

図のようにエリアを選択し、**Alt＋**下へ移動で押し出します。凹の稜線は**折り目**にします。

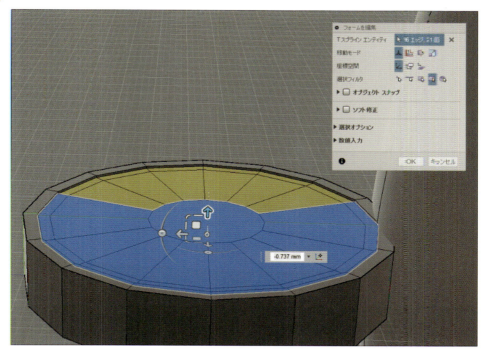

05 **ツールバー＞修正＞ベベルエッジ**を選び、**オプションウィンドウでベベルの位置**を0.7にします。

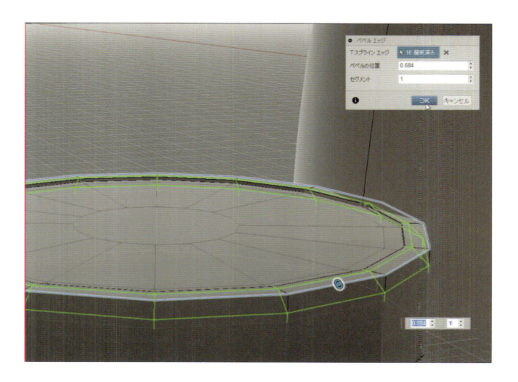

06 ツールバー＞修正＞押し出しを選び、スケールで図のように作成し、底面はツールバー＞修正＞穴の塗り潰しを行います。その際、オプションウィンドウの穴の塗り潰しモードはスターを塗り潰しにします。

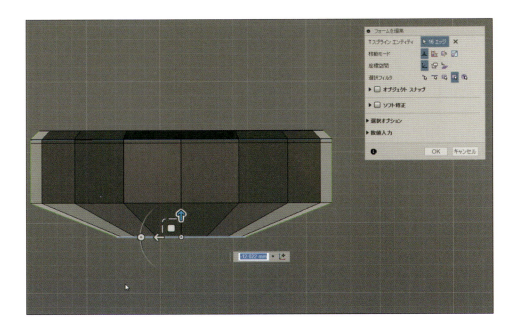

07 エッジを挿入してRの調整を行います。

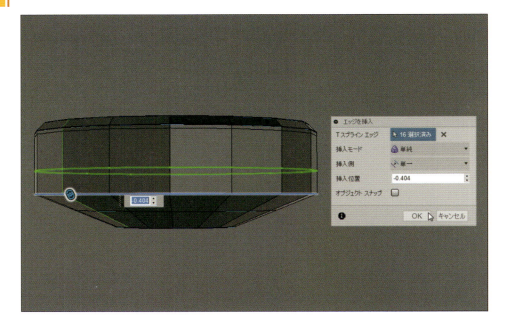

スムース表示に切り替え、Rの大きさを確認します。

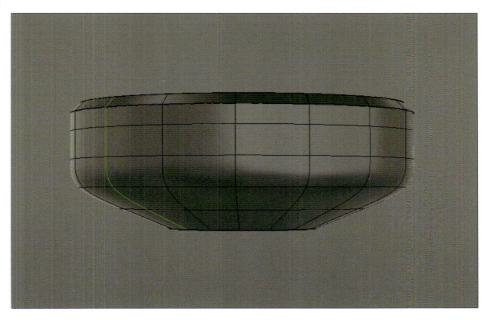

09 メーターバイザーを作ります。
まず、図の外周を選択します。

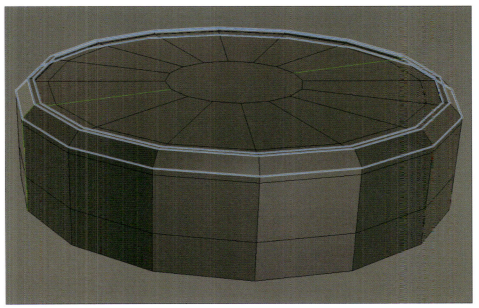

選択部位をAltを使って移動で上に押し出します。
押し出し後、図のように回転します。

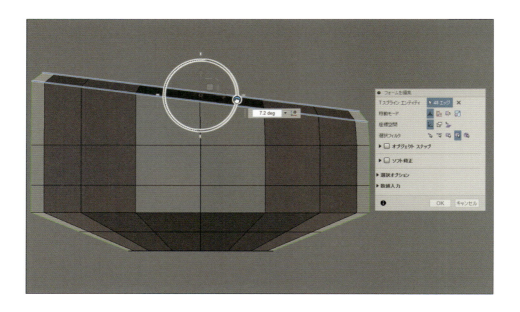

10 メーターステーを作ります。
底面を図のように挿入点で分割します。中央の四角いエリアを選択します。

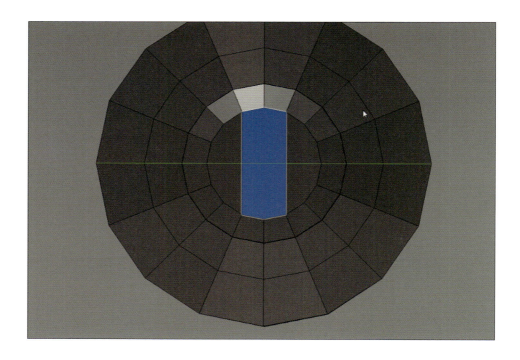

ツールバー＞修正＞押し出しを選び、**Alt＋**移動で下に押し出してステーを作成します。ステー底面の外周は**折り目**にします。

11 Rの調整を行います。
根元のR止まりに**エッジの挿入**や**挿入点**などを使い、エッジを挿入してRの大きさを調整します。

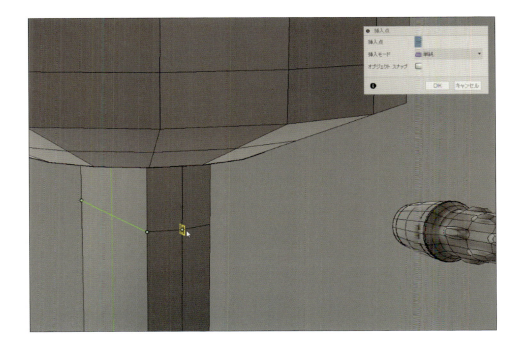

12 適切な位置まで移動して完成です。

06-33 ヘッドランプアウター

ヘッドランプユニットの外側を作成します。手順はメーターと同様のアプローチです。

01 ツールバー＞作成＞円柱を選び、オプションウィンドウで直径：130、直径の面：16、高さ：50、高さの面：3、対称をミラーにし、OKボタンを押します。

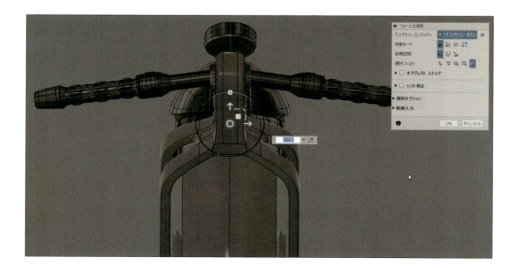

02 正面の外周エッジから**Alt**を使ってスケールで内側に**押し出し**を行います。さらに小さく内側に押し出し、若干後ろ側に下げます。

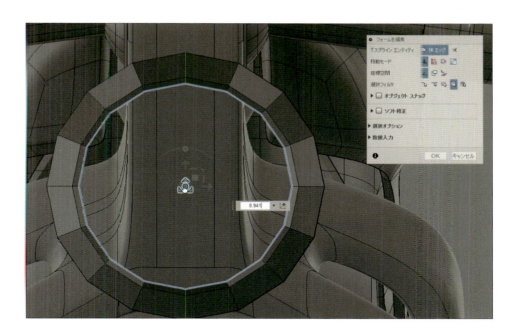

03 暫定的にレンズ面を作成します。**Alt**＋スケールで内側に押し出します。

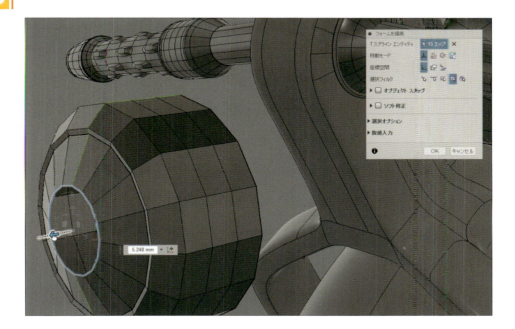

04 成型します。
シルエットを移動し、スケールで図のように調整していきます。

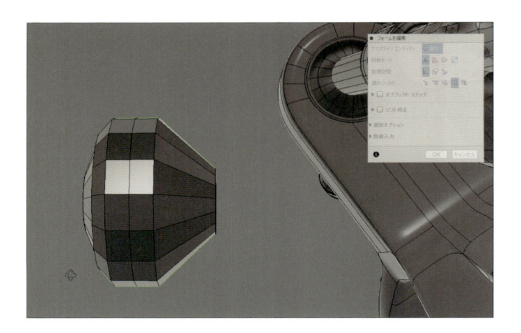

05 選択したエッジをスケールで縮めてシルエットを調整します。

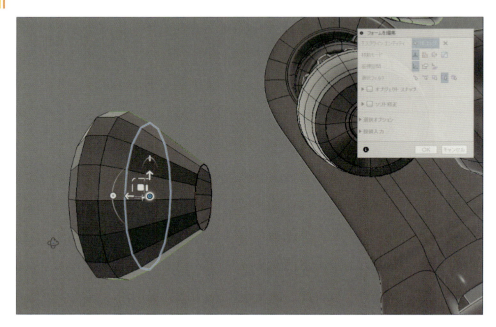

ブロックでシルエットが固まったら面の間にエッジを挿入し、エッジを移動して断面を作成して面のニュアンスを追加します。

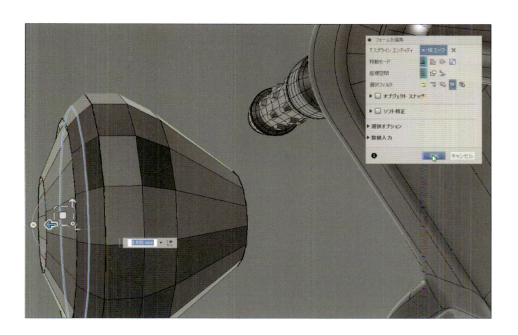

 Rの調整を行います。
エッジを両側に入れて小さなRを作成します。

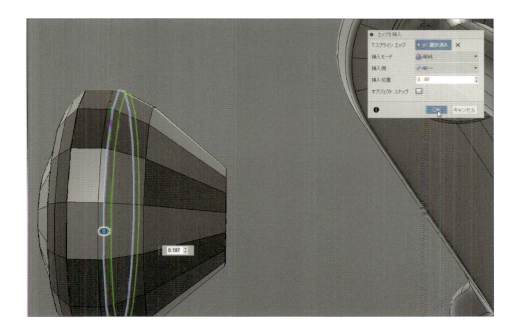

08 スムース表示で確認します。

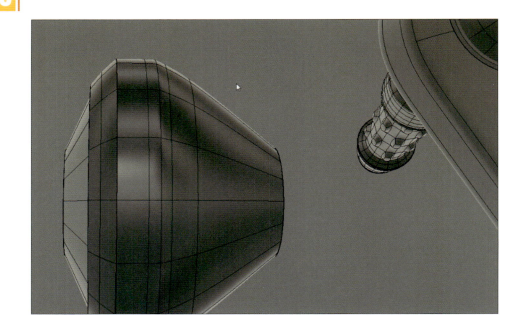

09 アウターレンズは削除し、ボックス表示で確認します。

06-34 ヘッドランプインナー

ヘッドランプの中側を作成します。灯体は別途作成します。

01 インナーの押し出しを行います。
アウターのエッジを**Alt+**移動で押し出して、インナーパーツを作成します。

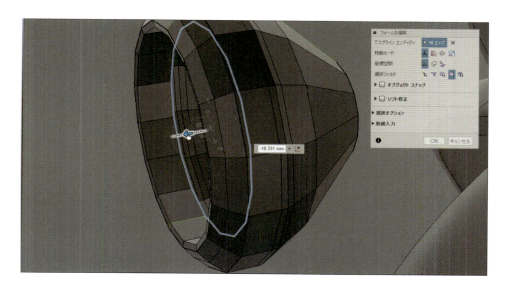

02 アウターのエッジを選択し、**押し出し**と**スケール**を繰り返してインナーパーツを作成します。奥面は穴の塗り潰しを行います。塗り潰しの際、オプションウィンドウの**穴の塗り潰しモード**はスターを塗り潰しを選びます。

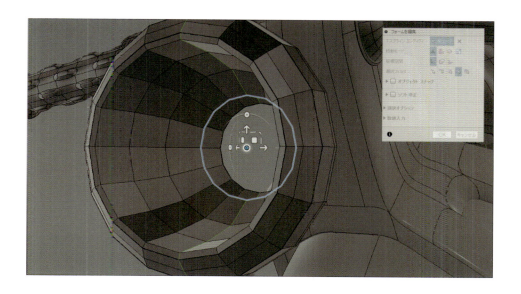

03 エッジの挿入をします。
水色のエッジを**折り目**にして、図のようにエッジを挿入します。

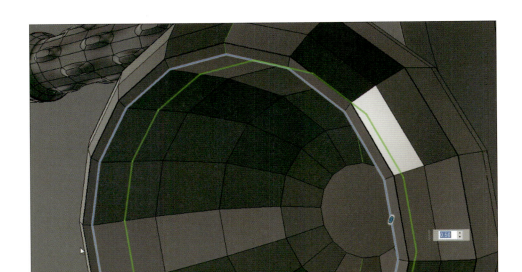

04 挿入したエッジのところまで奥のエッジを移動して両方を**折り目**にします。ステップ形状になります。

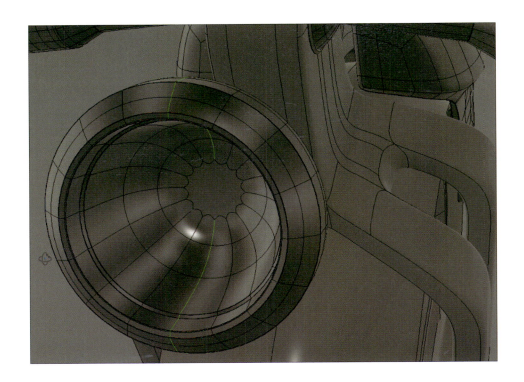

06-35 キセノンランプ

灯体はキセノンランプを2個、上下にレイアウトします。1個をモデリングしてコピー＆ペーストで複製します。

01 ランプアウターと同じ中心に球を作成します。**ツールバー＞作成＞球**を選択して、**オプションウィンドウ**から**直径**:35、**軽度の面**:16、**緯度の面**:8をして**OK**ボタンを押します。

02 レフ面の作成を行います。
前半分を選択して削除します。

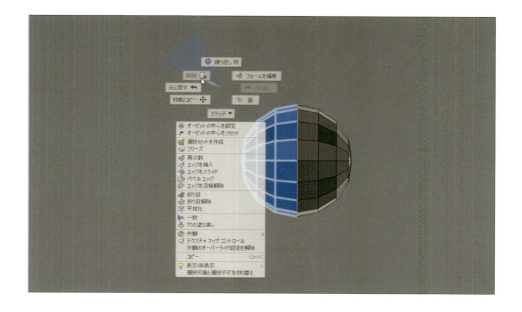

03 キセノンを2灯化するので上下にレイアウトします。

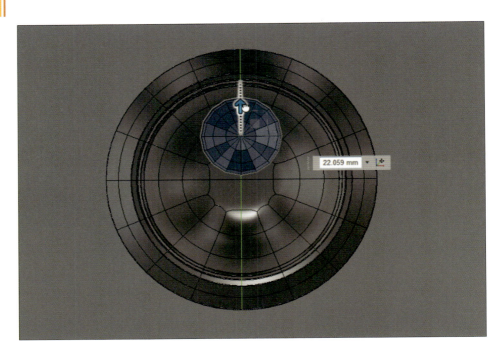

04 キセノンアウターを作ります。
レフの末端エッジから**Alt+**スケールで厚みをつけます。そこから筒状に後へ押し出します。

05 レフ面を作成します。

まず、図のエッジを選択して*折り目*にします。レフ面の反射面の凸凹を作成します。

次にレフ面の反射面の凸凹を作成するので、レンズ内にあるエッジをすべて選択して*折り目*にします。

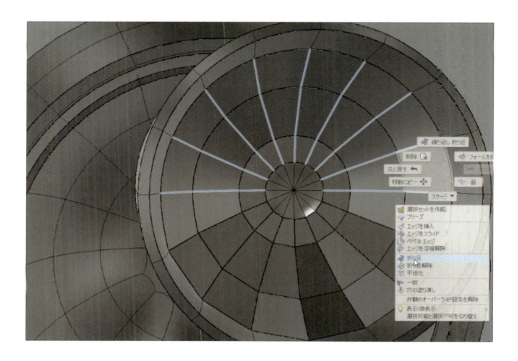

次に、図の位置にエッジを挿入します。

最後に、図のようにやはり作成したエッジを折り目にします。
折り目を止める位置には注意が必要です。角で折り目を止めるとシワなど不具合が出やすいです。角の手前で止めるか、角を過ぎて変化のないところで止めるのが好ましいです。

06 キセノンバルブを作ります。
中心の面を削除してそのエッジからバルブを押し出していきます。

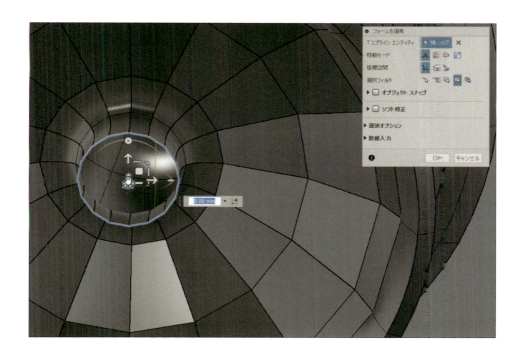

押し出し、**スケール**、**押し出し**、**折り目**を使い、図のようにバルブを作成します。
その際、最後に先端の奥面は穴の塗り潰しを行います。塗り潰しの際、**オプションウィンドウ**の**穴の塗り潰しモード**はスターを塗り潰しを選びます。

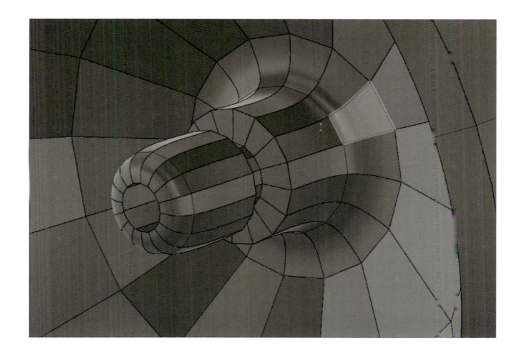

07 作成したキセノンバルブを**コピー**、**移動**で配置します。

08 キセノンバルブとの相関を見ながらインナー形状を図のように調整します。

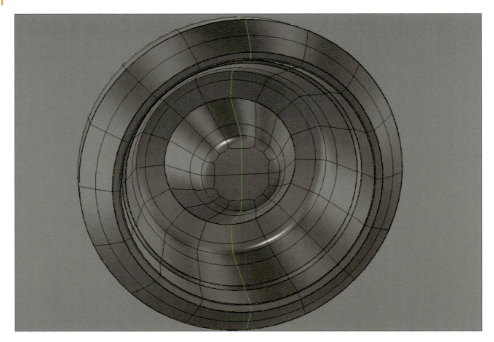

09 全体のバランス取りを行います。
選択部位は折り目をベベルに変更します。
エッジを挿入したりしてRや折り目の調整を行ってください。

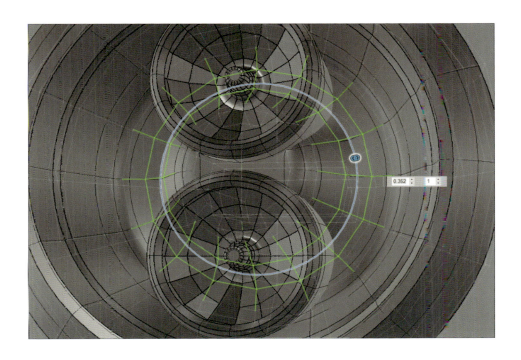

10 アウターの後ろ側を修正してステーを作成していきます。

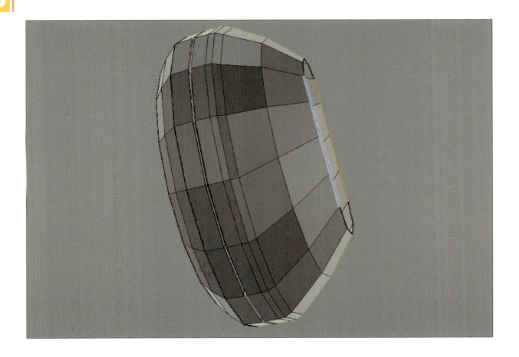

まず、図のように縦穴を空けます。

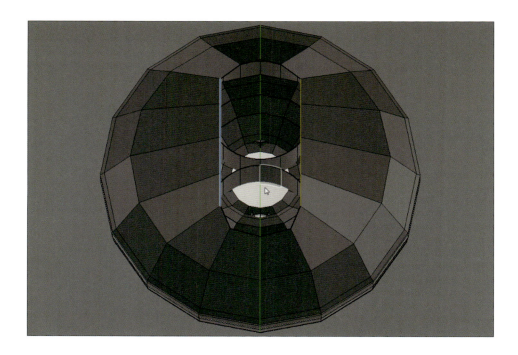

押し出しでステー部を作成します。青色選択部は削除します。
うまくいかない場合は、上の作業で面を削除せずに、押し出してから面を削除してみてください。

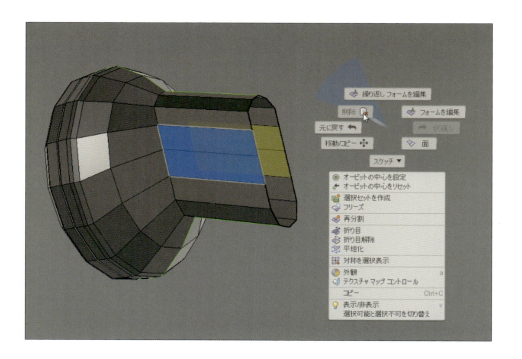

ツールバー＞修正＞ブリッジで間の面を繋いでいきます。**オプションウィンドウ**の**面**は2にしておきましょう。

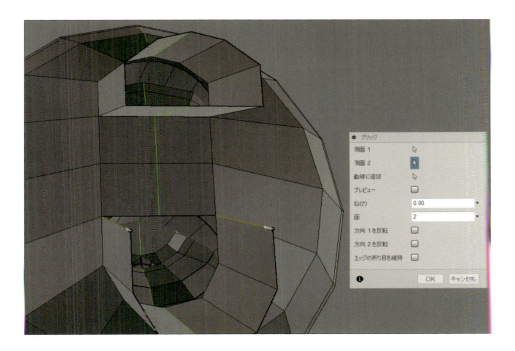

ステーの根元にエッジを挿入してRのつながりを調整します。

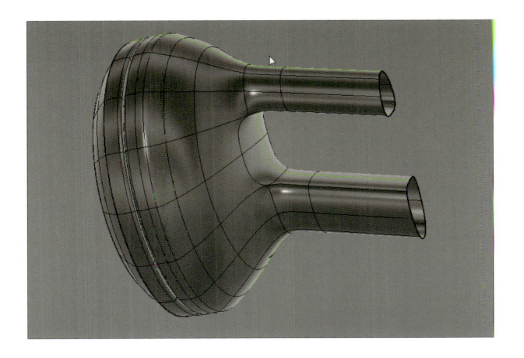

11 ボディにセットして完成です。オブジェクトは**NURBS**変換後に**結合**でソリッド化します。

12 できたら、一旦レンダリングしてみます。
綺麗にできたでしょうか？

06-36 タンク取り付けブラケット

タンク側のブラケットを前後に作成します。後部は取り付け構造を変更したので先にフレーム側に作成した凹形状もここで変更します。

01 フロントのブラケットを作成します。
ツールバー＞作成＞押し出しを選択します。図のようにエンボスの面を選択して押し出します。
オプションウィンドウの操作は**新規ボディ**を選択します。

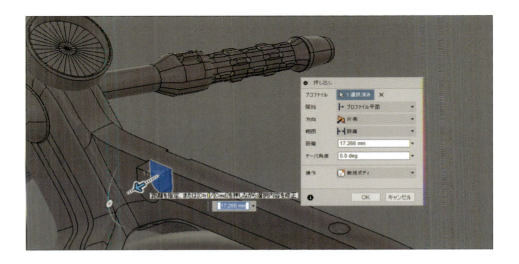

更に上へ押出します。
ツールバー＞作成＞ミラーを選び、オブジェクトを選択し、**対称面**を選択してコピーしておきます。

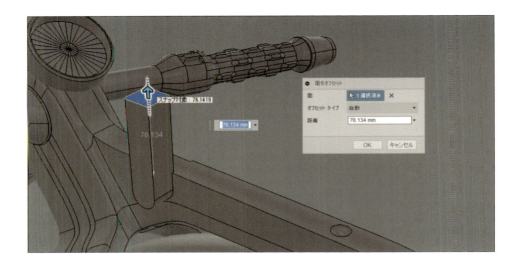

02 リアのブラケットを作成します。
リアはエンボス形状を変更して、下図のような横方向に長方形をかみ合わせたブラケット形状を作成します。
スケッチで適度な大きさの長方形を作成します。

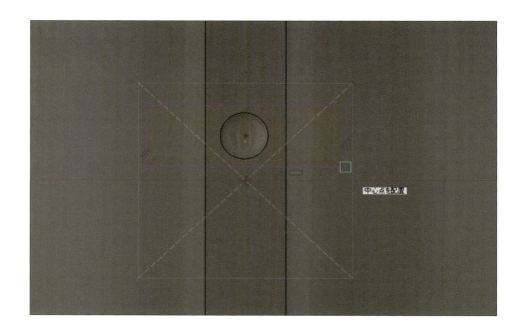

図のように新規ボディで押し出し、ブラケットを作成します。

03 ブラケットとタンクを結合します。
図のようにブラケットは長めに作成します。その際、ブラケットをタンクとの相関で切り取ります。
ツールバー＞修正＞結合を選び、ターゲットボディはブラケットを選択して、ツールボディはタンクを選択します。**オプションウィンドウ**の**操作**は切り取りを選択します。リアも同様の手順で進めてください。

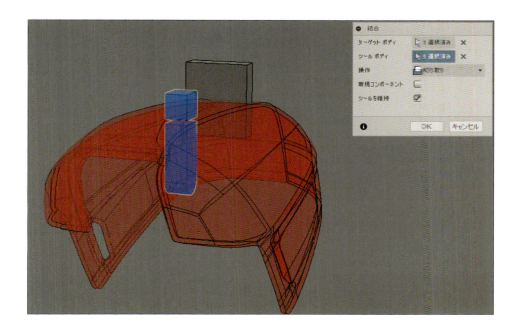

ブラケットはタンクの肉厚を境に上下2つのオブジェクトに分割されます。上のボリュームは不要なので**ブラウザ**で非表示にしておきます。リアも同様の手順で行います。

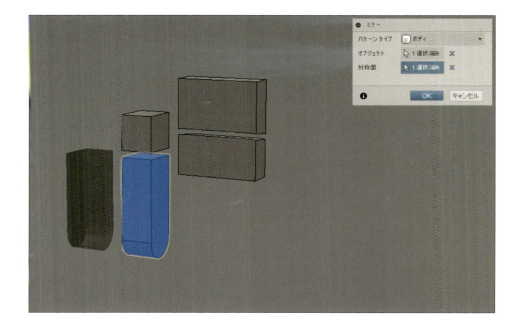

最後にブラケットとタンクを結合します。
ツールバー＞修正＞結合を選び、すべてを選択します。**オプションウィンドウ**の**操作**は**結合**を選択してソリッド化します。3Dプリントして塗装をする場合はこのようにパーツを分けておくとクオリティが上がります。

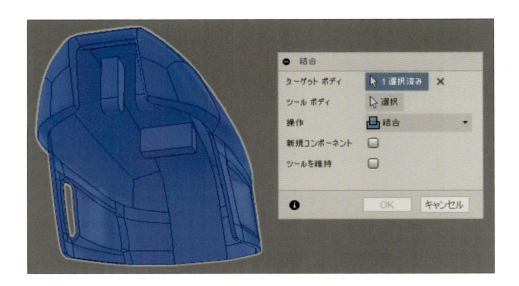

06-37 エアーレスタイヤ

タイヤの一部をメッシュ構造にしてエアーレスタイヤを作成します。ここではスカルプトではなく、モデルとパッチモードでソリッドの特性を生かしたモデリングをしていきます。
構造的にサスペンション機能をどうするか問題がありました。現状だとリジットになっているので乗り心地は非常に悪い状態です。そこで**3Dプリントでエアーレスタイヤ**をデザインして、うまく断面構造で剛性とサスペンション機能を持たせられないかトライしてみます。

01 まずはタイヤがソリッドになっているのでサーフェスに分解していきます。パッチモードで、**ツールバー＞修正＞ステッチ解除**を選び、オブジェクトを選択します。
図はステッチ解除済みです。**ブラウザ**を見るとソリッドのアイコンがサーフェスに代わり面数分のレイヤーができています。

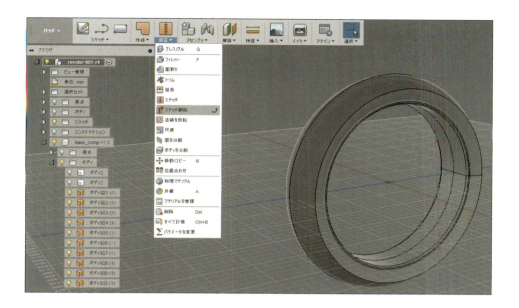

02 メッシュ構造にする部分だけ表示します。図は左右の側面を**ロフト**で面を張りソリッド化します。

ツールバー＞作成＞ロフトを選び、で左右のエッジで面を張ります。

次に、**ツールバー＞修正＞ステッチ**を選び、オブジェクトを選択してソリッド化します。

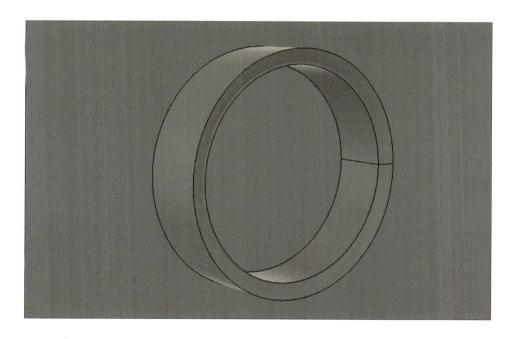

03 メッシュのピースを作成します。
ツールバー＞スケッチ＞長方形を選び、**中心の長方形**を選択して、図のようにスケッチを作成します。

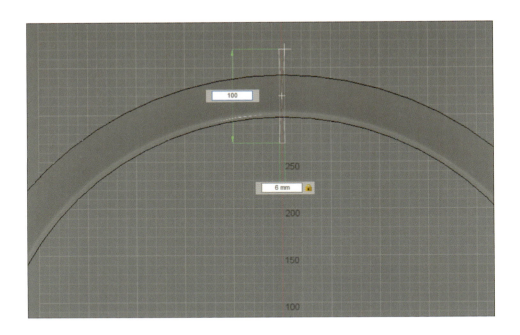

ツールバー＞作成＞押し出しを選び、対称に押し出します。横面は**ツールバー＞作成＞パッチ**で両側面を埋めます。

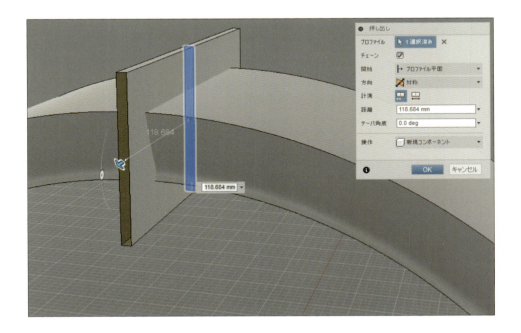

下図のようにセンターを中心に右方-30°に傾けます。

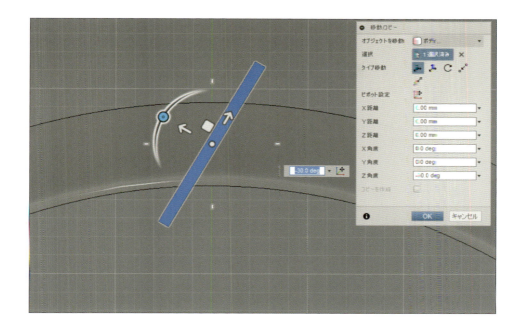

ツールバー＞**作成**＞**パターン**を選び、オブジェクトを選択します。次に回転軸を選択して、**オプションウィンドウ**の**数量**を80にして、**OK**ボタンを押します。

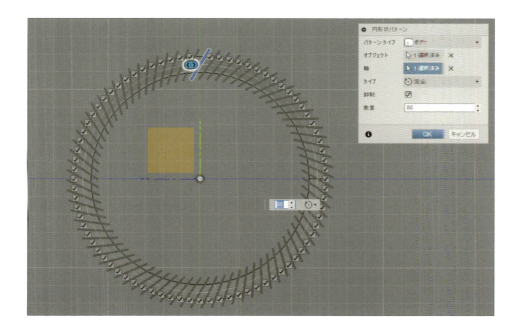

04 モードをモデルモードに切り替え、ツールバー＞スケッチ＞長方形を選び、図のようにセンターから少しずらした位置に作成します。

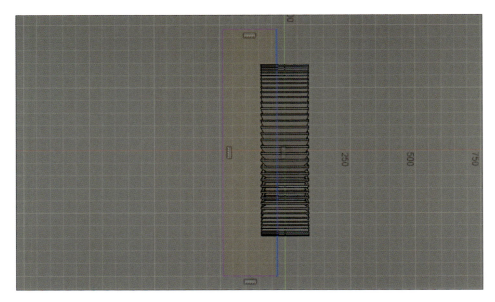

05 ツールバー＞作成＞押し出しを選び対象を押し出します。オプションウィンドウの操作を切り取りにして、OKボタンを押します。

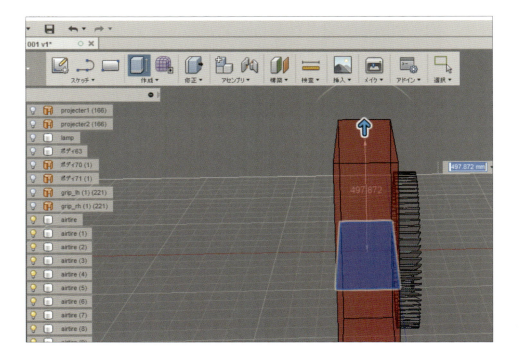

06 中心のピースをコピー&ペーストします。**移動**を行い、セットピボットを中心にして同じく80枚コピーします。

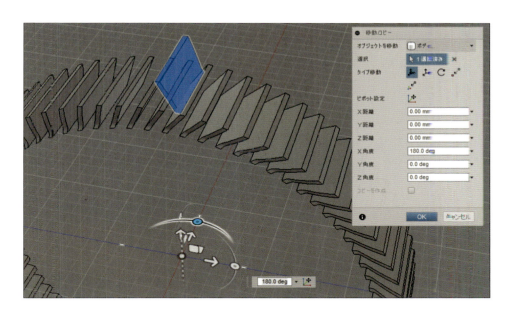

07 **ツールバー＞作成＞パターン**を選び、円形パターンのオブジェクトを選択します。回転軸を選択して、**オプションウィンドウ**で**数量**：80にして**OK**ボタンを押します。

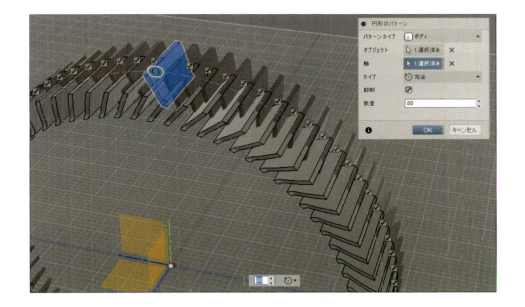

12 断面を確認します。

ツールバー＞検査＞断面解析を選び、マニピュレーターを操作して断面を確認します。図はタイヤ中央部の断面です。センター部はクロスになるようにラップさせて剛性をあげています。サイド側は図のように縦リブのみでバイクがリーンした際の粘りがでるのではないかと想像しています。または逆のほうがいいかもしれません。Fusiom 360ならすぐにアイデアを可視化できてしまうのが素晴らしいところです。エンジニアと3Dを共有して解析や設計検討がすぐにてきてしまいます。

※メッシュ部分はレンダリングで色分けをする可能性があるので、この時点ではソリッドしていません。

06-38 レンダリング　マテリアルの詳細設定

いよいよ最終工程のレンダリングです。レンダリングのポイントは、環境とライティングとマテリアルになります。Fusion 360は環境ライブラリにHDRがあるので、ここではマテリアルの詳細設定（色調整・マッピング・テクスチャ）を中心に解説します。

01 タイヤのバンプマッピングの設定を行います。
レンダリングモードにして、**ツールバー＞設定＞外観**を選び、**その他＞ゴム＞ゴム - ソフト**をタイヤにドラッグ＆ドロップして割り当てます。
割り当てマテリアルは**▼ライブラリ**から**▼このデザイン内**に表示されます。
割り当てた**ゴム - ソフト**のシェーダーを**ダブルクリック**すると詳細の設定が可能になります。さらに詳細設定したい場合は**オプションウィンドウ**内の**詳細**をクリックすれば色々なパラメーターを調整できるようになります。

02 タイヤに貼り込む画像を取り込みます。
まず、**オプションウィンドウ**内の**詳細**をクリックして**レリーフパターン（バンプ）**にチェックを入れます。
次に、取り込む画像を選択すると図のようにイメージ内に画像が表示されます。

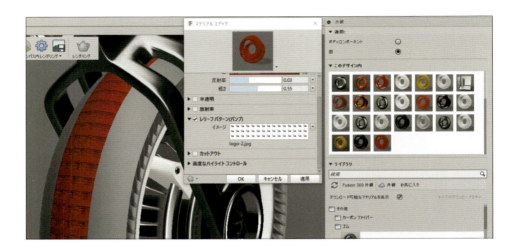

03 画像の設定を行います。
まず、イメージ内の画像をクリックすると図のような詳細設定ウィンドウが開きます。
次に、**テクスチャ変換をリンク**にチェックを入れ▼**尺度**の右にある**縦横比のリンク**をクリックします。リンクが外れると四角の枠が非表示になりリンクのアイコンのみになります。続けて、▼**尺度**から**サンプルサイズの幅・高さを変更**します。**オプションウィンドウ**やモデルのプレビューを見ながらターゲットのサイズに調整します。
▼**繰り返し**は画像のリピートの設定になります。シームレスなパターンを貼り込む時は**タイル**にします。サンプルサイズの深さは**バンプ**設定になります。
設定が終了したら**ツールバー＞キャンバス内レンダリング**でレイトレーシング状態で影の見え方を確認します。

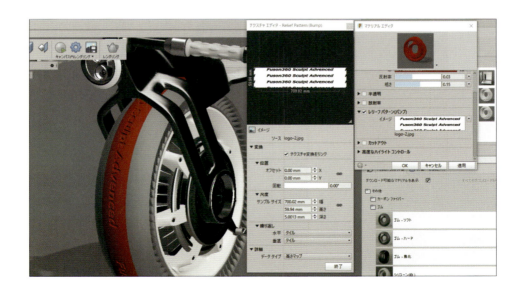

04 メーターにナビのイメージを貼り込みます。
事前にPhotoshopなどで画像を作成しておきます。
次に、レンダリングモードで、**ツールバー＞設定＞デカール**を選択して画像を貼り込む面を選択します。次に、**オプションウィンドウ**から**イメージの選択**のアイコンをクリックして画像を読みに行きます。

05 画像の位置調整を行います。
画像を取り込んだらマニピュレーターで位置を調整します。その際、複数の面上に画像を貼り込む場合は**面をチェーン**にチェックを入れてください。チェックがない場合は1つの面にしか貼り込めません。

Whisky & Chocolate

Chapter1〜4のオブジェクトを1つの画面に構成してレンダリングしています。ガラスのテクスチャやウィスキーの微妙な色の設定とライティングは何度もテストレンダリングして決めていきます。セットアップができれば解像度を上げてクラウドレンダリングで計算させます。クラウドが混んでいて待ち時間が長い時はローカルレンダリングで計算させます。状況に応じて選択できるのもFusion 360のいいところです。

Speedform

このデザインはAlias SpeedformというAUTODESKが主にカーデザイン向けに開発したソフトウェアで制作しています。Fusion 360-スカルプトと同様にT-スプラインの技術を活用したスカルプトのハイエンド版です。私はこのソフトウェアの開発に参加させて頂き、カーデザインのワークフローの開発を行いました。現在はAlias Speedformのパイロットユーザーとして企業のコンサルティングやトレーニング業務も行っております。

The design I want !
私が欲しいシンプルな四角い4X4をデザインしました。Fusion 360のスカルプトで四角いボディをシンプルに作成して、ディテールはソリッドで細部まで作り込みました。本書では解説できませんでしたがワークフローは記録してあるので後々公開できるかもしれません。

AUTODESK® FUSION 360™
Sculpt Advanced

2017年9月25日　　初版第1刷 発行

著　　　者	猿渡 義市（Giichi Endo）
発 行 人	村上 徹
編集部担当	堀越 祐樹
発　　　行	株式会社 ボーンデジタル 〒102-0074 東京都千代田区九段南 1-5-5 九段サウスサイドスクエア Tel：03-5215-8671　　Fax：03-5215-8667 www.borndigital.co.jp/book/ E-mail：info@borndigital.co.jp
編集	株式会社 三馬力
印刷・製本	株式会社 東京印書館

ISBN：978-4-86246-397-5
Printed in Japan

Copyright © 2017 by Giichi Endo and Born Digital, Inc. All rights reserved.

価格は表紙に記載されています。乱丁、落丁等がある場合はお取り替えいたします。
本書の内容を無断で転記、転載、複製することを禁じます。